Manfred Bartl / Helmut Kroll

Chabo

Manfred Bartl / Helmut Kroll

Chabo

2., überarbeitete und aktualisierte Auflage

Oertel+Spörer

Bildnachweis
Titelbild: 1,0 Chabo weiß mit schwarzem Schwanz. Foto: Rudi Proll
Innenteilbilder:
Udo Ahrens S. 16u., 23, 29, 39; Manfred Bartl S. 24, 27(2), 28, 48o.; Chabo-Club S. 12, 13; Josef Gibis S. 50u., 61; Alois Münst S. 54; Rudi Proll S. 8. 14, 16o., 41, 42; Josef Rebitzer S. 19; Karl Schlüter S. 22, 25, 26, 30, 31(2), 33, 34, 35, 36, 37, 38o., 40, 43, 44(2), 45(2), 47, 48u., 50o., 51, 57(2), 60, 62, 63, 65; Rüdiger Wandelt S. 38u.; Werner Witzl S. 58; Josef Wolters S. 46.

Haftungsausschluss
Die Hinweise in diesem Buch stammen vom Autor. Es können jedoch keinerlei Garantien übernommen werden. Eine Haftung des Autors bzw. des Verlages und seiner Beauftragten für Personen-, Sach- und Vermögensschäden sind ausgeschlossen.

Bibliografische Information der Deutschen Nationalbibliothek
Die Deutsche Nationalbibliothek verzeichnet diese Publikation in der deutschen Nationalbibliografie; detaillierte bibliografische Daten sind im Internet über http://dnb.d-nb.de abrufbar.

Postfach 16 42 · 72706 Reutlingen

Schrift: 9/11 p Times New Roman
Lektorat: Dr. Gabriele Lehari, Martin Fuchs
DTP und Repro: Raff digital, Riederich
Druck und Bindung: Oertel+Spörer Druck und Medien-GmbH+Co., Riederich
Printed in Germany
ISBN 978-3-88627-565-6

Inhalt

Vorwort

Wird in einem Rückblick die Geschichte zu den Anfängen der Chabo in Deutschland verfolgt, dann kommt es zu Begegnungen mit ehrenwerten Namen wie Kammersänger Coloman Moran, Graf Welczeck, Geh. Rat Prof. Dr. Ludwig Heck, Christian Scheiding, die alle zu recht in den Annalen stehen. Aber der Name des Mannes, der in der Chabozucht Geschichte geschrieben hat und dessen Lebensweg ein Spiegelbild zu einer sehr dramatischen Zeit wiedergibt, Erich Walter Gräfe aus Pulsnitz, steht nicht auf der Ehrentafel. Er charakterisiert die Leidenschaft zu den Chabo, das Besondere in einer außerberuflichen Tätigkeit, aber auch die geforderte Leidensfähigkeit seiner Generation. Ihm ist in dieser Neuauflage eine herausgestellte Erwähnung gewidmet.

Nach der Entschärfung des ideologischen Ost-West-Gegensatzes sind uns nun Jahrzehnte in einer freien Lebensentfaltung mit vielfältigen Gestaltungsmöglichkeiten gegeben. Aus der bäuerlichen Geflügelhaltung sind zum großen Teil Massentierhaltungen geworden. Der verbliebene kleinere Teil führte zu leistungserhöhenden Zuchtstätten mit einer imponierenden Farbenvielfalt für das Rassegeflügel.

In der zweiten Hälfte des letzten Jahrhunderts haben die Protagonisten in der Chabo-Szene die Voraussetzungen für die heute erreichte, noch nie dagewesene Verbreitung der Zwerge geschaffen. Dies führte dazu, dass zwischenzeitlich alle Varietäten und nahezu alle Farben gezüchtet bzw. gehalten werden. Natürlich bestehen im Einzelnen Unterschiede in der Verbreitung. Zuweilen ist bei einer Erscheinungsform die Vokabel „selten“ hinzuzufügen. Meist ist dies nicht von langer Dauer, weil sich schnell Züchterinnen und Züchter der Sache annehmen.

Allem voraus geht die gezielte Zucht zur Typ- und Wesenserhaltung unserer Zwerge, die im Ergebnis bei Ausstellungen in den Wettbewerb gestellt werden. Wir werben dafür, die Tiere in für sie geeigneter Umgebung zu halten. Meist entsteht dabei eine Idylle im Kleinen, die ohne einen nennenswerten Aufwand verwirklicht werden kann. Hier kommt uns der Zeitgeist entgegen, weil es in der Gesellschaft eine Bewegung zum einfachen naturbezogenen Leben gibt.

Diese auf den ersten Blick erstaunliche Entwicklung kommt nicht von ungefähr, weil zunehmend nach gesunden Lebensbedingungen gesucht wird. Dies ist die positive Seite in der Gesellschaft. Dennoch gibt es auch Gegenströmungen, die bei den Lobbyisten der Massentierhaltung, Tierhaltungsgegnern und politischen Gruppierungen zu finden sind. Diese Tatsachen sind der Hintergrund zu unseren Bemühungen, die über die Begrifflichkeit „zur Erhaltung“ hinausgehen und den Fokus auf die Daseinsvorsorge lenken. Dazu gehören die Menschen, außerdem aber auch die Sensibilität zur Stabilisierung der Ökosysteme.

Die gezielte Öffnung zu einem Liebhaberkreis mit ganz kleinen Tierbeständen hat an zahlreichen Stellen, besonders bei Familien mit Kindern, viel Freude, zuweilen auch Bewunderung ausgelöst. Meist bleiben die Chabo Familienmitglieder, selbst dann, wenn die Kinder anderen Interessen nachgehen – was im Übrigen ein ganz natürlicher Vorgang ist.

Wir haben das Vergnügen, bei den Schauen viele und besonders schöne Tiere, auch von Frauen und vor allem von Jugendlichen ausgestellt, zu sehen. Es ist einfach eine Augenweide. Die Schönheit wird durch den Standard definiert. Es ist aber auch eine Sache des Geschmacks. Bei den Chabo ist dieser offensichtlich rund um den Erdball und in all den verschiedenen Kulturen, in denen sie gezüchtet werden, vergleichbar.

Es sind die 360 Tage des Jahres, an denen keine Ausstellung stattfindet, die vielfach eine so hohe Bindekraft auslösen, dass Menschen meist ein Leben lang damit verbunden bleiben. Zunächst ist es die scheinbare Zerbrechlichkeit der Küken in den ersten Lebenstagen, dann die Überraschungen im weiteren Verlauf der Jungtierentwicklung und letztlich die individuelle Zuneigung – es sind einfach einnehmende Wesen.

Jeder Mensch hat anders justierte Antennen und Sensoren zur Wahrnehmung. Das ist gut so, denn nur so finden wir den Zugang zu allen Bevölkerungsschichten und die Unabhängigkeit vom Alter. Es geht immer darum, die Schönheit zu würdigen und daran Gefallen zu finden.

Leben Sie die Gefühle dazu aus.

1,0 gesperbert

Der Club der Chabozüchter und seine Philosophie

In Europa – besonders aber auch in Deutschland – haben angesehene Persönlichkeiten für einen Zusammenschluss der an den Chabo interessierten Frauen und Männer geworben, später auch den Club gegründet und mit einigen Unterbrechungen in die Gegenwart geführt. Auch wenn es zunächst den Anschein hatte, dass es einem privilegierten Personenkreis vorbehalten war, sich mit Chabo zu umgeben, so ist gleichzeitig zu erkennen, in welchem Maße für die Verbreitung geworben wurde.

Insbesondere war es Kammersänger Colomann Moran, der Künstler, Geschäftsmann und Weltbürger, der sehr professionell die Werbetrommel gerührt und damit die Begeisterung nach außen getragen hat. Er war zu dieser Zeit immerhin schon 80 Jahre alt und konnte auf 35 Jahre andauernden, erfolgreichen Umgang mit den Chabo zurückblicken.

Anlässlich der Junggeflügelschau in Hannover wurde 1925 der Club gegründet. Die Begehrlichkeit ist sicher auch der Außergewöhnlichkeit dieser Zwerge selbst geschuldet. Ein Glücksfall ist aber auch die damalige Gegebenheit, dass hoch angesehene Personen, wie Graf von Welczeck (deutscher Botschafter in Spanien), Geheimrat Prof. Dr. Ludwig Heck (Direktor des Berliner Zoos), Christian Scheiding aus Hannover und später Prof. Dr. Karl Fritzsche (der legendäre „Hühnerprofessor"), dem Club sehr verbunden und dienlich waren. Mit diesen großen Namen wurde dem Club ein etwas elitäres Gehabe angeheftet. Dies traf sicherlich für den Teil der Wissensvermittlung und der internationalen Verbindungen zu, nicht aber für die eigentliche Clubarbeit. Besser ist es, wenn das Attribut „elitär" durch „gründlich und anspruchsvoll" ersetzt wird. Damit wurden Maßstäbe geschaffen, die in der dann folgenden Zeit nur mit Mühe erreicht werden konnten. Die Fußstapfen wurden so gesehen ein wenig groß dimensioniert.

Besonders dem umsichtigen Ästheten sowie hervorragenden Kenner der Rasse, Christian Scheiding, ist die Einbindung vieler, zum Teil begnadeter Züchter zu verdanken. Wer einmal mit dem Chabo-Virus infiziert wird, bei dem führt das meist zu einer lebenslangen Infektion, was zu allen Zeiten die Leistung der Züchterinnen und Züchter beflügelt hat. Das Festhalten an den ursprünglichen Vorstellungen und das Verständnis, in der Ferne etwas Geheimnisvolles zu vermuten, und damit auch etwas eigenwillig die Zucht zu betreiben bzw. anders sein zu wollen, umgibt in der Rückbetrachtung die genannten Personen mit einer besonderen Aura.

Die Clubentwicklung wurde durch die Entwicklungen in den jeweiligen Zeiten stark beeinflusst. Gerade in den ganz schwierigen Jahren wurden ganz außergewöhnliche Leistungen vollbracht, auch wenn es nur um die Erhaltung der Restbestände ging. Einzelleistungen, die von großer Leidenschaft zeugen, zu denen der Club nichts beitragen konnte, wirken jedoch als emotionale Klammer bis heute nach. In der Kriegs- und unmittelbaren Nachkriegszeit haben die Chabo-Zentren Hannover und Leipzig zwar ihre Hühnerpopulationen, nicht aber den Nimbus verloren.

Dies war eine Voraussetzung von unschätzbarem Wert für den Fortbestand der Zucht, auch nach der politischen Teilung des Landes. Der Austausch von Tieren und vor allem von Informationen erfolgte teilweise auf abenteuerlichen Wegen. Nur wenige Personen, nämlich diejenigen, die bereits aus dem aktiven Berufsleben ausgeschieden waren, besaßen das Privileg in den Westen reisen zu dürfen.

Die umsichtige Clubführung in der damaligen DDR hat ebenfalls an dem Chabo-Ideal festgehalten, sodass trotz der jahrzehntelangen Trennung keine Auffassungsunterschiede erkennbar waren.

Das Rad der Geschichte hat sich dann schneller gedreht als erwartet und keine Seite hat sich der anderen verschlossen, sodass sich die beiden Vereine wieder zu einem Club vereinen konnten. Damit wurde ein wichtiger Schritt vollzogen, auf den sich u. a. auch die heutige Stärke begründet.

Im Gegensatz zu dem großen politischen Geschehen haben es die meisten Vereine besser geschafft, schnell und eng zusammenzuwachsen. Hier lag und liegt der Anspruch, gemeinsam darüber nachzudenken, was wir wirklich wollen. Unsere Gesellschaft wandelt sich in einem Tempo wie nie zuvor und wird durch die rapiden Verschiebungen in der Natur eine ungeahnte Beschleunigung erfahren. Der Club ist sich dessen bewusst, lenkt die Gedanken seiner Mitglieder auf diese Erscheinungen und gibt Anregungen, ohne belehren zu wollen. Unsere Zeit kann den notwendigen Wandlungen die ausreichende Fantasie, aber auch den dazu erforderlichen Spielraum geben.

Die Rassegeflügelzucht ist, wenn diese richtig verstanden wird, ein Mosaikstein im gesamten ökologischen System. Daraus entwickelt sich ein Kernanliegen, nämlich: In der Öffentlichkeit die Inhalte der Lebensgrundlagen für die Menschen deutlich zu machen. Licht, Luft und Wasser gehören ebenso dazu wie die Bestandssicherung großer Ökosysteme, aber auch die vorzeigbaren kleinen sowie die selbst gestaltbaren „Paradiese" direkt vor der Haustür.

Die Chabo eignen sich in diesen Paradiesen als Sympathieträger ganz hervorragend. Es ergibt sich auch die Möglichkeit zu einer Biotopgestaltung, die den Rahmen einer üblichen Hühnerhaltung sprengt und damit eine Orientierung für künftige Haltungskriterien geben kann. Es entsteht dabei nicht nur ein Lebensraum für die Zwerge, sondern auch für interessante Pflanzen- und Tierarten. Daraus schöpfen wir unseren Optimismus für die nächste Generation. Dieses Verständnis zeigt auch, wie wir unseren Platz in der Natur sehen.

Unsere Mitglieder

Gegenwärtig werden keine biografischen Perspektiven so hoch eingeschätzt wie Familie, Kinder und ein ausgewogenes Erfolgsleben, in dem sich Arbeit und Leben ausgleichen. Der überwiegende Teil unserer Mitglieder reflektiert diese Werte. So sind viele Kinder, Jugendliche, Frauen und Männer aus allen Altersgruppen in unseren Reihen. Die Zahl ist in den letzten Jahren sprunghaft, gegen den Trend, auf rund 600 Mitglieder angestiegen. Nur ein Teil von ihnen hält und züchtet Chabo zum Zwecke der Ausstellungsbeschickung. Ebenso wichtig sind uns aber die Menschen, die die Chabo einfach toll finden und – wo auch immer – voller Freude von deren Schönheit und dem vertrauensvollen Wesen erzählen. Gerade dieser Personenkreis ist es, der für einen größeren Bekanntheitsgrad in der Öffentlichkeit sorgt.

Was bietet der Club seinen Mitgliedern?

- Jährlich zwei Informationshefte zum aktuellen Geschehen in der Szene, mit Berichten aus vielen Ländern. Auf etwa 100 reich bebilderten Seiten, zu sehr interessanten Themen, werden auch einfache praktische Hinweise für die Zucht und Haltung gegeben.

- In unregelmäßigen Abständen erscheint das Jahrbuch „Chabo-Phantasie“ in wertvoller Aufmachung und mit anspruchsvollen Inhalten.
- Sonderschauen in verschiedenen Regionen unseres Landes.
- Regionalgruppen- und bundesweite Veranstaltungen
- Service und Vermittlung von Züchterkontakten
- Monatliche und aktuelle Informationen im Internet unter www.chaboclub.de

Aus den Anfängen der Chabo

Unsere Mitglieder fühlen sich der sehr alten Tradition, die mit den außergewöhnlichen Zwerghühnern verknüpft ist, verbunden. Wir können den Ursprung der Chabo nicht genau datieren, es gibt jedoch Belege für ein Vorkommen der Tiere, die aus dem 16. Jahrhundert stammen. Wir sprechen im Allgemeinen von Japanischen Zwerghühnern. Die Engländer benutzen den Begriff „Japanese Bantams“, und der soll vermitteln, dass die Zwerge aus Japan stammen. Das stimmt nur insoweit, wenn damit die Erstimporte nach Europa gemeint sind.

Die Japaner selbst geben mit dem Namen Chabo – gesprochen „Tschabo“ – einen Hinweis auf einen entfernteren Ursprung, der in Südostasien zu lokalisieren ist. Vermutlich sind es mehr als tausend Jahre, die zu den Ursprüngen führen. Allein durch die Erfahrung unzähliger Menschen aus den vergangenen Jahrhunderten können wir Puzzleteile zur Entwicklung der Rasse aneinanderfügen. Allerdings wird es wohl immer ein Geheimnis bleiben, warum über so viele Generationen hinweg am Wesen und Typ der Chabo festgehalten wurde. Folglich scheint es zu allen Zeiten eine Idealvorstellung gegeben zu haben, die Anspruch und Wunsch genug war, um diese an die nächste Generation weiterzugeben. Zu diesem Punkt ist in den letzten Jahren viel geforscht worden und trotzdem konnte der Ursprung nach wie vor nicht bestimmt werden.

Allgemein wird davon ausgegangen, dass die Zwerge am Anfang der Tokugawa-Periode (1615) aus der Region „Chamba“, dem jetzigen Thailand, nach Japan eingeführt wurden. Es bleibt aber immer noch spannend genug, nur den Zeitraum der Typisierung in Japan zu betrachten. Den Übergang markiert ein zwar kleines und kurzbeiniges Huhn, jedoch nicht den Typ betreffend, wie er zum Zeitpunkt des Eintritts in Europa bekannt wurde.

Das ursprünglich durch eine Mutation (das Ergebnis einer spontanen genetischen Veränderung) entstandene Zwerghuhn kam vermutlich in sehr breiter Streuung vor, und war ganz bestimmt nicht nach Farbenschlägen geordnet. Auch sind die Chabo nicht auf allen vier Hauptinseln Japans gleichzeitig gezüchtet und verfeinert worden, sondern haben im Land der aufgehenden Sonne erst zu einem späteren Zeitpunkt weitere Verbreitung gefunden.

Nun wird den Japanern das Feinsinnige, gemeint ist auch das Kleine, als Ideal für ihre künstlerische Gestaltung zugeordnet. Dafür gibt es viele Belege. Auch die Verehrung des Unnachahmlichen in der Natur mag für die Zucht eine Rolle gespielt haben. Wir verbinden die japanische Gartenkultur mit der Besonderheit der Chabo und sehen diese darin symbolisiert. Das ist ein großer Irrtum, denn der Japanische Garten gehört in den Bereich der Architektur, und ist in der japanischen Tradition Kunst.

Die Tiere wurden von jeher und immer noch in kleinen Käfigen gehalten und darin fürsorglich gepflegt. Der Wert der Tiere stieg je geringer die Größe. Drei Hühnchen sollen in einem Reismaß Platz haben, so ist es überliefert.

Noch heute ist das Zusammenleben der japanischen Bevölkerung restriktiv. Historisch gesehen haben die vier Hauptinseln Japans eine jeweils isolierte Kultur gepflegt. Das umgebende Meer als natürliche Grenze hat dies über Jahrhunderte begünstigt. So ist es auch zu verstehen, dass es für die Zucht der Chabo von Beginn an keine einheitlich festgelegten Vorgaben gegeben hat.

Letztlich sind einige Varietäten entstanden, von denen die Chabo mit mittelgroßem Kamm, sehr viel später die Higo Chabo, mit sehr großem Kamm und Kehllappen, die Taikan und Daruma sowie die Okina Chabo mit Bart übrig blieben. Natürlich gab es auch früher qualitative Streuungen, was in Europa von Anfang an zu Fehldeutungen und -entwicklungen führte.

Dabei war der Start, nachdem die ersten Tiere über England zu uns gekommen waren, überaus begünstigt, weil die Direkteinfuhren von Menschen getätigt wurden, die ungewöhnliche Verbindungen in Japan mobilisieren konnten. Sehr förderlich waren die Einfuhren der Baronin von Ulm-Erbach, der Tochter des berühmten Japanforschers von Siebold, besonders aber die von ihr verfassten Berichte haben den deutschsprachigen Lesern viel Wissen zugänglich gemacht. Die Begeisterung für die Zwerge war zwar geweckt, es gab also noch keine einheitliche Vorstellung, wie die Chabo aussehen sollten. Die gut informierten Züchter wollten einen Idealtypus verbreiten, der natürlich auch aus der Nachzucht von den Importtieren nur ganz vereinzelt gezeigt werden konnte. Dazu kam, dass die Koryphäen in der deutschen Rassegeflügelzucht Anfang des 20. Jahrhunderts die Chabo zierlich, schnittig und elegant wünschten. Gerade das sollten sie eben nicht sein. Es widersprach der Zuchtrichtung, die zu dem einmaligen Typ der Chabo geführt hatte. Entsprechend heftig wurde die Diskussion geführt und löste etwas aus, was in der Rückblende als historischer Vorgang eingestuft werden kann.

Johannes Bernhard Graf von Welczeck hatte schon Anfang der 90er Jahre des 19. Jahrhunderts die ersten Chabo importiert. Die oben erwähnte Diskussion veran-

Importhahn, schwarz-silber, von Graf Welczeck, 1937

Weißer Hahn, Jahrgang 1937, von Walter Gräfe

Die Tiere wurden ganz hervorragend von Christian Scheiding beschrieben und auch in Fachzeitschriften mit Fotos publiziert. Dies weckte natürlich Begehrlichkeiten, festigte das Meinungsbild zu dem schon 1926 entstandenen Standard, war aber auch Anlass von Spekulationen.

Würdigt man die zu dieser Zeit sehr aufwendigen Kommunikationswege, dann gewinnen die damaligen Erkenntnisse eine große Bedeutung. Jedenfalls beflügelten sie den Ehrgeiz einzelner Züchter und die Popularität der Chabo.

Von alledem unberührt vollzog sich aber gleichzeitig eine kleine Sensation. In dem kleinen Ort Pulsnitz bei Dresden züchtete Walter Gräfe verschiedene Farbenschläge, im Schwerpunkt jedoch die Weißen. In den Jahren 1937 und 1938 zeigte Gräfe Hähne, die den besten Importen ebenbürtig waren. Klein, jedoch mit breitem Körperbau, hohem Schwanzaufbau und traumhaften Kämmen. Ausnahmslos haben alle Persönlichkeiten der damaligen Chabo-Zucht Walter Gräfe in Pulsnitz besucht und wohl darüber spekuliert, wie er dies zustande gebracht hatte.

Seine Ausgangstiere waren die Nachkommen aus vielen Generationen der in Deutschland gezüchteten Chabo. Die Vision vor Augen und wohl sein begnadetes Einfühlungsvermögen haben Walter Gräfe das Außergewöhnliche erreichen lassen. Ein Nachweis dafür, dass die Erbanlagen

lasste ihn zu größeren Importen von verschiedenen Farbenschlägen. Dabei kam ihm die Freundschaft mit dem Deutschen Generalkonsul in Jokohama zugute, denn nur über ihn war es möglich, an die ausgewählten Züchter Japans heranzukommen, und was noch viel wesentlicher war, überhaupt die Bereitschaft bei den japanischen Züchtern dafür zu wecken, Tiere für den Export abzugeben.

Vier große Importe wurden organisiert. Die Reisezeit dauerte jeweils acht bis zehn Wochen. In kleinen Körben untergebracht, wurden die Tiere während dieser Zeit versorgt. Meist waren es ein Hahn und zwei Hennen je Farbenschlag. Anlaufstelle war der Berliner Zoo, der damit gleichzeitig zur Quarantänestation wurde.

0,1 schwarz mit weißen Tupfen (W. Oberdörster, Korschenbroich, 2003)

durch mehrere Faktoren mobilisiert werden können und es keinesfalls einer großen Vermehrungsrate bedarf.

So weit die Erfolgsseite, die beginnend ab 1916 züchterisch die hervorragenden Ergebnisse um 1937 zeitigte. Viele Mosaiksteinchen führten dazu, dass sein Lebensweg 1997 nachgezeichnet werden konnte. Die Kriegszeit, noch mehr die unmittelbare Nachkriegszeit führte zu Lebensumständen, die allen, besonders den zurückgezogen und feinfühligen Menschen, zu denen Walter Gräfe gehörte, in eine dramatische Überlebensnot brachte. Es mündete in die tägliche Fragestellung: Wie bringe ich das Futter für den nächsten Tag zusammen oder ist jetzt die Hoffnungslosigkeit so groß, um die verbliebenen Tiere für die eigene Ernährung zu schlachten? Es blieb für ihn nicht aus, das wenige Essbare für sich mit seinen Zwergen zu teilen. War der einzelne Tag gemeistert, dann blieb noch zu berücksichtigen, wie die Chabo vor Diebstahl gesichert werden konnten.

Warum wird 2014 in diesem Text an solche Menschen und Zeiten erinnert? Einfach deshalb, weil auch heute noch nur wenige hundert Kilometer von uns entfernt gleiches Leid hervorgerufen wird und uns daran erinnern soll, mit dem, was uns geboten ist, achtsam umzugehen.

Was da vor 70 Jahren in Szene gesetzt wurde, bleibt beispielhaft und gibt Ansporn für die Zukunft. Zum einen, Objektivität und Respekt gegenüber der züchterischen Leistung in Asien zu bewahren, und zum anderen die Erkenntnis, dass die Ideale in Europa, also in einem großteils anderen Klima, sich nicht von denen in anderen Ländern unterscheiden müssen.

Ohne das zeitliche Zusammentreffen hätte es speziell diese Orientierung in der Zucht nicht gegeben.

Doch zurück zu den weiteren Erfahrungen mit den Importtieren und den daraus abgeleiteten Schlussfolgerungen. Die großen Unterschiede, die bei den eingeführten Tieren zu erkennen waren, haben zudem etwas zur Verwirrung beigetragen. Man wusste etwas von den Hennenfiedrigen – alle getupften Farbenschläge sind auch heute noch in Japan nur hennenfiedrig –, jedoch sehr wenig über deren Einordnung. Als Folge entstanden daraus bei uns die „Butschi" – schwarz mit weißen Tupfen –, also Tiere mit normalen Federn.

Viel schwerwiegender ist die unterbliebene Differenzierung der Varietäten nach mittelgroßen und großen Kämmen. Dies begünstigte die Festlegung, dass der Kamm so groß wie möglich sein sollte. Schließlich sind heftige Bemühungen zu erkennen, die den „Farbenmischmasch" (eine von Graf Welczeck gewählte Formulierung) etwas entgegenzusetzen hatten. Es ist richtig Bewegung in die Chabo-Zucht gekommen, weil sehr begabte und weitblickende Züchterinnen und Züchter sich der Zwerge angenommen haben. Es befassten sich in dieser Zeit einige Personen mit großer Leidenschaft mit den Chabo, sonst hätten die unheilvollen Jahre des Krieges und der Nachkriegszeit nicht einen so schnellen Neuanfang ermöglicht.

Tiere aus Restbeständen wurden zusammengeführt, gesichtet und sortiert. Hervorragende Aufsätze über die Zwerge wurden veröffentlicht, darin wurden die Ziele für die Zucht beschrieben und sie animierten die weitere Verbreitung – das alles unterstützt durch das erworbene Wissen aus den vergangenen Jahrzehnten.

Als es dann 1978 durch Adolf Wittkopp zur Einfuhr der echten Großkämmigen kam, der Higo Chabo, ist allerdings auch für sie eine Differenzierung unterblieben. Ein Fehler, wie sich herausstellen sollte, denn es führte zu Vermischungen und damit bei einigen Farbenschlägen zu Abweichungen vom ursprünglichen Typ.

Längst hat man zahlreiche Erkenntnisse bezüglich der Zusammenhänge gewonnen, diese publiziert und damit das Gedankengut der züchtenden Personen verbreitet. Es gibt klare Festlegungen, die in den Standards der Chabo, der Maruha Chabo (hennenfiedrig) und der Okina Chabo (mit Bart) formuliert sind. Die Beschreibung der Großkämmigen, der Higo Chabo, ist erfolgt und bedarf der positiven Entscheidung durch die Standard-Kommission.

Die Rassemerkmale

Chabo sind Zwerghühner. Innerhalb der großen Gruppe der Zwerghühner gehören sie zu den Urzwergen, das bedeutet, es gibt keine entsprechende Rasse bei den normalgroßen und den großen Hühnern. Zwerghuhnrassen, die einer entsprechend ähnlichen Großrasse zugewiesen werden können, werden unter dem Begriff „verzwergte Rassen" zusammengefasst.

Die Chabo haben nur wenige Gemeinsamkeiten mit anderen Rassen. Eine nahe Verwandtschaft besteht zu den Zwerg-Cochin. Relativ ähnlich sind die Federfüßigen Zwerghühner, auch sie gehören zu den Urzwergen.

Innerhalb der Urzwerge gibt es einerseits auch elegante Kleinhühner mit fasanenhaftem Äußeren wie die Deutschen Zwerghühner, die mit den entsprechenden anderen nationalen Rassen (Dänischem, Französischem, Holländischem Zwerghuhn) einen eigenen Rassenkreis bilden.

Die Chabo sind nicht elegant. Sie sind zwergenhaft: Zwerge sind im mitteleuropäischen Verständnis kleine Leute, die schwer arbeiten, im Bergbau, in der Metall-

So sieht der Prototyp eines Chabo-Hahnes aus.

verarbeitung oder als Schmiede. Es sind gedrungene, tüchtige, kräftige Leute mit kurzen dicken Gliedmaßen, weder hübsch noch elegant. Der Gartenzwerg ist das gängige Abbild. Die Gesichtszüge sind markant männlich, bärtig, nicht jugendlich. Entsprechendes gilt für die Zwergenfrauen, die ausgeprägte mütterliche Züge haben. So sollen auch Chabo sein: klein, gedrungen, mit kurzen Gliedmaßen, geschlechtsspezifisch markant, vital, lebenstüchtig, fruchtbar und sorgsam mit dem Nachwuchs.

Alle Proportionen des Körpers stehen im Kontrast zueinander. Der Kopf ist groß, mit großen roten Anhängen. Kamm, Kehl- und Ohrlappen sind groß, dazu grobkörnig in der Struktur. Der Körper ist breit und kurz, die Flügel zu groß, sodass sie leicht auf dem Boden schleifen. Der Schwanz wird so steil getragen, dass der Rücken sehr kurz wirkt, sogar unter dem ausgeprägten Halsbehang ganz verschwindet. Die Beine sind so kurz, dass oft nur die Zehen zu sehen sind, die Läufe verschwinden hinter den Flügeln.

Das alles erscheint wie die Karikatur eines Huhns. Dennoch werden Chabo als hübsche Hühnchen empfunden, dies beruht aber nicht nur auf dem äußeren Erscheinungsbild, sondern ist auch in ihrem freundlichen Wesen begründet.

Die Chabo zeigen den Haushuhncharakter in der Vollendung. Da sie in der Vergangenheit nicht auf spezielle Leistungen hin selektiert wurden, haben sie ein vollständig natürliches Verhalten bewahrt und zeigen es ohne alle Scheu, sie haben ein zutrauliches Wesen. Ihr Lebensrhythmus ist noch den Jahreszeiten angepasst. Chabo sind keine Winterleger. Sie legen vom Frühjahr bis in den späten Herbst und auch in milden Winterzeiten, doch stets nur kurze Eierserien. Dann folgt naturgemäß das Brüten. Chabo-Hennen brüten zu allen Jahreszeiten zuverlässig.

Das Kürzerwerden der Tage löst im Spätsommer und Herbst die Großmauser aus. Hähne beginnen damit früher und mausern länger als Hennen, die, wenn sie gesund und vital sind, sehr schnell durchmausern können. In der Führzeit der Küken, nach der Brut und vor dem erneuten Legen, findet stets eine kleine Zwischenmauser

0,1 gesperbert (U. Ahrens, Vechta, 2006)

statt, die auch Teile des Großgefieders, die Schwingen sowie die Steuern erfassen kann. Chabo-Hähne haben ihre Hennen stets im Blick und fordern in der Regel nur legebereite und legende Hennen zum Treten auf. Vergewaltigungen sind selten, davon sind meist nur brütende Hennen in der Anfangsphase der Brut betroffen. Das Gluckengetue ist oft der Auslöser für Verfolgungsjagden des Hahns in Puterhaltung.

Dieses natürliche Verhalten macht die Chabo zu einem idealen Haustier. Sie sind häuslich, entfernen sich nicht weit von ihrem Lebensmittelpunkt. Sie müssen nicht eingesperrt werden und richten im naturnahen Hausumfeld als Gartenhuhn wenig Schäden an. Man kann sie tagsüber frei laufen lassen, sie werden mit den üblichen Bedrohungen des Alltags durch Hunde und Katzen, Krähen und Elstern gut fertig. In der Not fliegen sie erstaunlich gut und weit und kommen sicher zurück.

Sie lassen sich mit nur einen halben Meter hohen Zäunen auch gut eingrenzen und fügen sich in jede Beschränkung. Man kann sie auf sehr engem Raum halten, im Käfig oder in der kleinen Voliere, ohne dass sie den Eindruck erwecken, ihnen fehle etwas. Dies ist in Zeiten der Vogelgrippe ein großer Vorteil, wenn gesetzliche Vorschriften die Geflügelhal-tung einschränken.

Chabo sind in aller Regel widerstandsfähige und robuste Tiere, die selten krank werden. Das bedeutet aber nicht, dass sie frei sind von Parasiten und Erregern. Regelmäßige Kontrollen durch den Halter und durch den Tierarzt sind wichtig und nötig. Der Nachweis von Erregern ist aber nicht immer ein Grund zur Besorgnis. Mit geringer Erregerbelastung wird ein Chabo fertig, ohne Krankheitsanzeichen zu zeigen. Chabo sind also kleine Robusthühner.

Die Kurzbeinigkeit allein macht noch keinen Chabo, denn es gibt eine ganze Reihe von Rassen, die ebenfalls kurzbeinig sind, die Krüper als deutsches Beispiel, die französischen Courtes Pattes und die dänischen Lüttehoener (die übrigens schon bei Hans Christian Andersen im Märchen „Das hässliche Entlein“ vorkommen), die nicht nur in Mitteleuropa, sondern überall in der Welt zu finden sind. Beim Chabo kommt das Unverhältnismäßige der einzelnen Körperteile hinzu, das insgesamt gesehen aber wieder ein harmonisches Ganzes ergibt.

Der Standard

Der Kopf und seine Anhänge

Chabo haben einen großen, breiten Kopf, im Verhältnis zum übrigen Körper fast zu groß. Der Schnabel soll kurz und breit sein sowie leicht gebogen. Das große Auge ist lebhaft und hat eine leuchtend hell- bis dunkelrote Iris, bei schwarzen und verwandten Farbenschlägen kann das Auge auch ganz dunkel sein (siehe dort). Die mit kurzen Federchen besetzte Gesichtshaut ist dick und lebhaft rot, bei Alttieren etwas faltig.

Die Ohrlappen sind immer rot, nie weiß, und, wenn sie auf dem federreichen dicken Halsfederkragen aufliegen, länglich zusammengeschoben. Die Form der Ohrlappen ist aber ohne Bedeutung. Die Kehllappen des Hahns sollen groß und formstabil sein, denn sehr große und lange Kehllappen alter Hähne falten sich oft nach außen zusammen. Große, stabile, ungefaltet parallel getragene Kehllappen sind erwünscht. Allgemein neigt die Chabo-Gesichtshaut zu Faltenbildungen; Querfalten in den Kehllappen sind aber absolut unerwünscht! Darauf ist bei beiden Geschlechtern zu achten.

Der Kamm des Hahnes ist groß und liegt auf dem Schädel breit auf. Die Vorderfront des Kammes reicht weit nach vorn auf

Der Kopf ziert das Huhn

In der Wahrnehmung eines typischen Chabo nimmt der Kopf einen wesentlichen Stellenwert ein. Nachdem die Merkmale beschrieben wurden, ist es sicher hilfreich und auch am einfachsten, mögliche Abweichungen mit Bildern zu zeigen. Neben der typbezogenen Beurteilung ist die Beschaffenheit des Kamms beim Hahn und auch bei der Henne ein treffsicherer Indikator zum jeweiligen Gesundheitszustand des Tieres.

den Schnabel über die Nasenlöcher, aber nicht über die Schnabelspitze hinaus. Stützfalten im Schädelbereich sind bei großen Kämmen nötig, sollten aber nicht zu einem „beuligen“ Kammblatt führen. Die Struktur des Kammes ist grob, leicht warzig. Die vier bis fünf Kammzacken sollen verschieden groß sein, die vorderen kleiner, die mittlere groß und die letzte wieder etwas kleiner, mit breiter Kammfahne, die dem Nacken folgt. Die untere Kammhälfte wird von den spitz-dreieckigen Zacken nicht geteilt, sie nehmen nur die obere Kammhälfte ein und haben eine breite Basis. Stiftzacken, M-Zacken, zu wenige Zacken und zu viele Zacken entwerten den Chabo-Kamm, ebenso eine wenig leuchtend roten Farben. Bläuliche Kammspitzen zeugen von mangelnder Vitalität.

In der Mauser schrumpft auch der Kamm des Hahns, wird manchmal instabil und kippt zur Seite. Das ist hormonbedingt und natürlich. Ist das Federkleid erneuert, soll auch der Kamm wieder die alte Größe, Stabilität und Farbe zeigen.

Der Kamm der Henne soll im Großen und Ganzen dem des Hahnes entsprechen. Bei noch nicht legenden Junghennen und Hennen, die sich in einer langen Legepause befinden, sind Kamm und Kehllappen klein. Legende Hennen sollen einen leuchtenden Kopf, einen großen Kamm und große Kehllappen haben; der Kamm muss aber nicht aufrecht stehen, er darf sich im

Ideale Merkmale im Kammschnitt und an den Kehllappen

hinteren Drittel zur Seite neigen. Da Chabo-Hennen keine Dauerleger sind, sondern kleine Serien legen, an die sich Brutphasen anschließen können, ist der Kammstatus nicht gleichbleibend. Rot, dick und strotzend ist er nur kurz vor der Legephase.

Hennen, deren Kämme außerhalb der Legephasen nur dünner werden, aber nicht einschrumpfen, sind besonders wertvoll als Mütter schöner Hähne. Brütende und führende Hennen können Wickelkämme zeigen, das sind Kämme, die zweimal gefaltet auf dem Kopf aufliegen. Mit erneutem Legen erstarkt der Kamm und richtet sich in der Regel wieder auf.

Ausnahmen von der leuchtend hellroten Kammfarbe gibt es nur beim schwarzen Farbenschlag. Dort gibt es auch eine dunkel-blaurote Gesichtsfarbe (siehe S. 31).

Der Schwanz und die Behänge

Der Schwanz und die Art, wie er getragen wird, machen den Chabo zum Chabo. Es gibt einige Rassen mit ebenfalls steiler Schwanzhaltung, doch ausgeprägt kurzrückig und turmschwänzig sind nur die Chabo. Die Steuerfedern sind gerade, lang und breit, sie werden gefächert getragen. Beide Schwanzhälften sollen weder eng zusammengeklappt noch weit gespreizt sein, sondern gut ausgebreitet. Das kleine Kissen der Unterschwanzdecken füllt das Schwanzdreieck hinten aus.

Das vordere Paar Steuerfedern steht senkrecht oder kippt ganz leicht nach vorn. Ein starkes Kippen des Schwanzes nach vorn, der sogenannte Eichhornschwanz, entwertet einen Chabo. Kamm und Schwanz des Hahnes berühren sich durchaus oft. Hoch hinauf, bis über die Hälfte der Steuerfederlänge, sollen Schwanzdeckfedern reichen, Federflaum von der Basis der Steuer- und Deckfeder darf nie zu sehen sein. Beim Hahn heißen diese Deckfedern Nebensicheln.

Das mittlere Steuerfederpaar bildet beim männlichen Geschlecht das lange Hauptfederpaar. Dieses Paar soll den Kopf weit überragen, um mehr als das Doppelte. Bei den meisten Haushähnen nennt man dieses Paar die Hauptsicheln. Bei den Chabo ist die Sichelform unerwünscht, die leicht gebogene Säbel- oder, besser noch, die gerade Schwertform wird angestrebt. Das ist schwer zu erreichen, denn eine harte, gerade Feder neigt zur Kürze, die weiche lange Feder zur Rundung.

Bei den Nebensicheln ist diese Rundung auch durchaus erwünscht, die Federn des Sattelbehanges und des Halsbehanges sollen ebenfalls lang und üppig sein. Knappes, gerades Gefieder wäre hier unschön. Infolgedessen ist die leicht gebogene Säbelform des Hauptschwanzfederpaares ein guter Kompromiss. Im gültigen Musterbild zeigt die Henne ein leicht gebogenes erstes Steuerfederpaar, das etwas länger ist als die übrigen Steuerfedern. Solche Hennen haben „Säbelsöhne". Wer jedoch auf die Schwertform großen Wert legt, muss auch bei den Hennen auf harte, lange und wenig gebogene Steuerfedern achten. Die Henne zum „Schwertsteuer-Hahn" hat gerade erste Steuerfedern, die gleich lang oder sogar etwas kürzer sind als die weiteren Steuern. Das sind die Mütter der „Schwerterhähne".

Wir finden die gerade, glatte Schwanzfeder sonst nur bei den knapp befiederten asiatischen Kampfhuhnrassen, ein Hinweis, der auch manche andere Chabo-Eigenschaft erklären hilft. Die beiden letzten, äußeren hinteren Steuerfederpaare können im ersten Erwachsenengefieder eine leichte Stufe zu den anderen fünf Paaren zeigen, das liegt an einem anderen Mauserrhythmus.

Wesentlich zur Wirkung des Schwanzes tragen die Sattel- und Halsbehänge bei. Der üppige Halsbehang des Hahns, der aus langen, spitzen Federn besteht, fällt auf den Rücken und bedeckt ihn bis zur Schwanzwurzel. Die Üppigkeit dieses Kragens wird unterstützt durch eine starke s-förmige Krümmung des Halses, die den Hals erheblich kürzer erscheinen lässt, als er ist. Die farblich und strukturell gleichen Sattelfedern fallen über die Armschwingen und gehen allmählich über in die Nebensicheln. Die Federn beider Behänge haben dünne Randzonen, die durch einen besonderen Blankeffekt einen glatten, glänzen-den Seidenschimmer zeigen.

Die Beine

Die Kurzbeinigkeit der Chabo ist nicht reinerbig. Es ist also nicht wie bei den Dachshunden, deren Nachkommen alle dackelbeinig sind. Die Chabo-Nachkommenschaft ist zweigeteilt in normalbeinige und kurzbeinige Tiere. Viele Chabo-Halter und -Züchter bezeichnen die normalbeinigen Tiere als langbeinig. Sie haben aber, im Vergleich etwa zu den Federfüßigen Zwerghühnern, durchaus kürzere Beine als diese. Die der Kurzbeinchen sind bei gleicher Stärke noch einmal um ein Zehntel kürzer. Das klingt nach wenig, doch für die Proportionen bewirkt wenig schon viel: Eine Hose, die um 10 % zu kurz ist, ist erheblich zu kurz!

Dieses Phänomen der kurzen Gliedmaßen ist bei Wirbeltieren (einschließlich des Menschen) weit verbreitet. Zwergziegen und Dexterrinder sind Beispiele aus dem Bereich der Nutztiere. Die Zwerge sind in ihrer Beweglichkeit nicht behindert, auch nicht in ihrer Bewegungsfreude. Zwergziegen sind da ein gutes Beispiel.

Im Nutztierbereich werden solche Zwerge dennoch selten gehalten, es sei denn aus nicht-kommerziellen Gründen, etwa wie viele Zwergziegen zur Gesellschaft für Sportpferde oder als Streicheltiere. Haltung aus nicht-kommerziellen Gründen lässt auch die kurzbeinigen Hühnerrassen überleben, neben den Chabo die nationalen Kurzbeinrassen Krüper in Deutschland, Courtes Pattes in Frankreich, Lüttehoener in Dänemark, Scots Dumpies auf den Britischen Inseln und viele wei-tere. Allen diesen Hühnerrassen ist die Nichtreinerbigkeit der Kurzbeinigkeit gegeben.

Bei den Chabo wird der Eindruck der Kurzbeinigkeit weiter unterstützt durch eine gute Winkelung der Gliedmaßenteile zueinander. Das Knie (bei den Vögeln wird es fast immer von den Flügelfedern verdeckt) winkelt den Oberschenkel gut gegen den Unterschenkel, die Ferse den Unterschenkel gegen den beschuppten Lauf und die Zehengelenke die erste bis vierte Zehe gegen den Lauf.

Diese Winkelung des Beins ist besonders bei den Altenglischen Zwerg-Kämpfern ausgeprägt, dort bewirkt die knappe Befiederung die gute Sichtbarkeit des

Knies, des Unterschenkels und des Laufs. Gut eingeknickte Beine machen den perfekten Altenglischen Kämpfer. Genauso ist es bei den Chabo, eine gute Winkelung des Beines macht den Chabo perfekt. Die Beweglichkeit bleibt dabei voll erhalten. Wenn es nötig ist, zum Beispiel auf nassem Rasen, können kurzbeinige Chabo schnell durch Strecken der Beine den Bauch und die Brust anheben. Rassen mit gestreckten Beinen stolzieren soldatenhaft; ein gutes Beispiel aus dem Bereich der Zwerghühner sind die Ko Shamo.

Die Verkürzung der Gliedmaßen beim kurzbeinigen Chabo erstreckt sich auf alle Körperteile, auf Ober- und Unterschenkel, auf Mittelfuß- und Zehenknochen (bei den Vögeln wird aus den verschmolzenen Fußwurzel- und Mittelfußknochen der beschuppte „Lauf"). Diese Knochen sind nicht dicker als die normalbeiniger Chabo oder vergleichbarer Rassen. Sie wirken durch die Kürze nur dicker. Messbar dicker sind sie nicht, sie sind nur erheblich kürzer. Dennoch ist dieser Eindruck des Dickeren das Merkmal, das am Augenfälligsten ist (eben weil das menschliche Auge einen Sinn für Proportionen hat). Chabo-Züchter und Chabo-Halter können sicher fast jedes Tier in normal und kurz sortieren, Zweifelsfälle sind selten.

Mit Ausnahme der schwarzen und blauen Chabo sollen die Läufe und Zehen immer glatt beschuppt und gelb sein. Bei den genannten Ausnahmen soll zumindest die Zehensohle bei den schwarzen und blauen Jungtieren deutlich gelb sein, im Alter verwischt die Grenze zum Grauschwarz des Laufes und der Zehenoberseite etwas. Bei Schwarz-Silber und Schwarz-Gold soll dieses Grauschwarz der Läufe aufgehellt sein zu einem grauen Schleier über dem Gelb. Tiere mit grünen Läufen sind immer Kreuzungstiere und dürfen nie in die Zucht gelangen.

Die Flügel

Wer kurze Beine hat, hat auch kurze Arme. Diese kurzen Arme tragen die normale Anzahl langer und breiter Hand- und Armschwingen, die die Flügel groß und breit und die Chabo zu erstaunlich guten Fliegern machen, wenn es nötig ist. Die großen Flügel werden locker und gesenkt getragen, die Federränder berühren oft den Boden. Dadurch sind die Läufe nicht gut zu sehen, das verstärkt den Eindruck der Kurzbeinigkeit.

Das Bewegungsspiel der Flügel trägt zum Posieren und Imponieren der Hähne besonders bei. Locker und beweglich getragene Flügel vermitteln Vitalität, Kraft und sexuelle Energie und tragen viel zum Charme des Chabo-Hahnes bei. Hoch getragene, fest an den Körper gedrückte, schmal zusammengefaltete Flügel sind nicht chabohaft.

Diese locker hängende Flügelhaltung zeigen bereits kleine Küken. Auf Züchter anderer Rassen wirkt das kränklich und müde. Da die Federn relativ hart und fest sind, macht das Schleifen am Boden nicht viel aus. Gegen Ende der Saison sind sie zwar etwas abgenutzt, aber nicht sichtlich. Chabo nutzen ihre gute Flugfähigkeit eher selten; sie lassen sich mit nur einen halben Meter hohen Zäunen einschränken und akzeptieren Einfriedungen schnell.

Die Federvarianten

Gelockte Chabo

Wer zum ersten Mal gelockte Chabo sieht, ist erschrocken über diese aufgebürsteten Wesen, bis er bemerkt, dass ganz normale Hühner unter diesem Lockenwust stecken. „Lockung" ist eigentlich das falsche Wort, denn man vermutet dabei etwas Gedrehtes. Doch die Lockenfeder ist nicht gedreht wie die der Lockentaube und nicht verlängert

0,1 gelb mit blauem Schwanz
(G. Grünloh, Bohmte 2013)

und gewunden wie die der Lockengans, sondern jede Feder ist nur in elegantem Halbbogen nach oben gebogen. Dadurch wirken die gelockten Chabo viel größer als die normalfedrigen.

Besonders elegant ist der Halskragen der Hähne, er macht aus ihnen wandelnde Chrysanthemen. Jede Feder ist betroffen, auch die Schwingen und Steuerfedern. Der charakteristische Umriss der Chabo löst sich dadurch auf. Die Schwerter der Hähne ringeln sich nach außen, die Steuern fächern auf.

Nicht ganz so extrem sehen gelockte Hennen aus, ihre kürzeren Federn mäßigen das Erscheinungsbild des Gelockten etwas im Vergleich zum Hahn, der Schwanz wirkt nicht so aufgerollt und durch die Brennschere gezogen. Durch die Biegung wird die stumpfe Unterseite der Feder nach außen gekehrt, denn der Glanz des Gefieders zeigt sich nur auf der Federoberseite. Erstaunlicherweise wird dies von vielen Betrachtern nicht als Nachteil erkannt. Chabo aller Farbenschläge sehen in der gelockten Variante gut aus.

Die Lockung ist dominant. Wer ein gelocktes Tier in die Zucht stellt, wird viele gelockte Nachkommen haben. Lockung lässt sich schnell einkreuzen, es ist ein simples Gen, das schnell in alle Farbenschläge übertragbar ist. Die gelockte Feder neigt aber zur Brüchigkeit, besonders die Fahnen der Schwingen und Steuernfedern sind davon betroffen. Gegen Ende der Lebensdauer einer Handschwinge besteht manche gelockte Schwungfeder fast nur noch aus dem nackten gebogenen Kiel.

Darauf muss in der Zucht besonders geachtet werden und nur Tiere mit dauerhaft schönem Gefieder sollten zur Zucht verwendet werden. Die Paarung gelockt × gelockt muss nach Möglichkeit vermieden werden, denn die Nachkommen aus dieser Kombination neigen vermehrt zu Federbrüchigkeit. So etwas bringt die Hobbyzucht in ein schlechtes Licht.

So schön die gelockten Hähne sind: Wer gelockte Chabo mag, sollte lieber zum glatten Hahn etliche glatte und einige wenige gelockte Hennen in die Zucht stellen, dann sind stets ausreichend glattfiedrige und gelockte Tiere in der Nachzucht. Die Lockung behindert die Tiere nicht und stört sie nicht, sie frieren nicht, sie sind genauso wetterfest und in keiner Hinsicht wärmebedürftiger als normalfedrige Chabo. Sie können allerdings nicht fliegen und brauchen Stufen oder Laufbretter, um auf hohe Sitzstangen oder in höher gelegene Nester zu gelangen. Dies wird aber von vielen Züchtern und Haltern nicht als Nachteil gesehen. Die Mutation als solche ist eine alte Variante, denn gelockte Hühner gibt es seit Jahrhunderten auch unter den rasselosen Landhühnern.

Seidenfiedrige Chabo

Die zweite Federvariante der Chabo ist die Seidenfiedrigkeit. Die Seidenfeder kennen die meisten nur vom Seidenhuhn, jenes schwarzgesichtige, schwarzhäutige, schwarzknochige Kleinhuhn, das als zuverlässiges Bruthuhn berühmt ist. Bei der Seidenfiedrigkeit fehlt der Zusammenhalt der Federstrahlen, die sich bei der normalen Feder zur Federfläche verhaken. Die Federfläche ist bei der Seidenfeder mehr oder minder aufgehoben, die Feder wirkt haarbüschelartig.

Diese Auflösung der Federfläche betrifft auch die Schwingen und Steuerfedern: Seidenfiedrige Chabo können nicht fliegen, ebenso wenig wie die Gelockten. Mit Seidenfedern lässt sich der übliche Chaboschwanz nicht auftürmen, man muss Abstriche in der äußeren Kontur der seidenfiedrigen Chabo machen, sie erfüllen in Bezug auf die Form nicht höchste Ansprüche.

Seidenfiedrige Chabo haben auch nicht so viele Federn wie die gut gerundeten blaukämmigen Seidenhühner, sie wirken kleiner als normalfiedrige Chabo, oft geradezu winzig, ganz im Gegensatz zu den Gelockten, die größer wirken. Vom blaublütigen Seidenhuhn gibt es keine normalfiedrige Variante, es wird seidenfiedrig × seidenfiedrig gepaart und seidenfiedrige Tiere werden nachgezogen. So tun wir es auch mit den seidenfiedrigen Chabo. Seidenfiedrigkeit ist rezessiv und so kann es sein, dass nach langen Jahren plötzlich ein seidenfiedriges Küken in der normalfiedrigen Geschwisterschar auftritt. Das Gen war immer da, aber stets verdeckt, bis eine seltene Genkombination die sichtbare Ausprägung des Merkmals ermöglicht. Nur mit häufiger Rückkreuzung lässt sich das Merkmal Seidenfiedrigkeit auf andere Farbenschläge übertragen.

0,1 seidenfiedrig silber-weizenfarbig (U. Ahrens, 2008)

Maruha (Goishi), schwarz mit weißen Tupfen

Üppig befiederte seidenfiedrige Chabo sehen besser aus als knapp befiederte. Der Rücken dieser Tiere wird lang, die Läufe werden sichtbar, Schwanz und Flügel werden kurz, das sind alles Abstriche bei wesentlichen Merkmalen der Chabo. Deshalb wird die Zahl der Liebhaber der Seidenfiedrigen stets gering bleiben und ihre Verbreitung sehr beschränkt.

Wie man von den blaukämmigen Seidenhühnern weiß, ist Seidenfiedrigkeit nicht gleichbedeutend mit Empfindlichkeit und erfordert auch keine Sonderbehandlung. Seidenfiedrige Chabo leiden nicht unter dieser Federform. Abgesehen von der Flugunfähigkeit sind sie genauso zu behandeln und sie benehmen sich ebenso wie normalfiedrige Chabo. Seidenfiedrigkeit ist in jeder Chabo-Farbe möglich, für kontrastreiche Färbungen ist die Seidenfeder allerdings wenig geeignet, einfarbige Seidenchabo sehen am besten aus.

Hennenfiedrige Chabo – Maruha Chabo

Im Heimatland der Chabo, in Japan, betrachtet man die Chabo als Hahnenrasse, die Hennen sind nur Mittel zum Zweck der Erzeugung schöner Hähne. Folgerichtig gibt es bei denjenigen Farbenschlägen, in denen die Hennen besser aussehen als die Hähne, hennenfiedrige Varianten.

Hennenfiedrigkeit bedeutet, dass alle Besonderheiten des Hahnengefieders wegfallen und durch das Erscheinungsbild der Hennenfeder ersetzt werden. Die langen, spitzen Behangfedern werden kurz und rund, die schimmernden Glanzstrukturen der Behänge und der Flügeldecken fallen weg, die Schwerter bleiben normal lange Steuerfedern und die Nebensicheln kurze gerade Schwanzdecken.

Die Namensgebung „Maruha“ wurde in Europa notwendig, weil der Unterschied zu den Chabo mit normaler Befiederung deutlich gemacht werden sollte. Maruha steht für Rundfeder und nicht selten ist Han-Maruha zu lesen, was halbe Feder bedeutet und damit den Hinweis zur halben Länge der normalen Schwanzfeder gibt.

In Japan wird bei dieser Varietät überwiegend der Begriff „Goishi“ verwendet. Das in Asien verbreitet Brettspiel Go mit den Steinen in zwei verschiedenen Farben ist dem Wort Goishi eingebunden. Go = schwarz/weiß und ishi = Steine. So ergibt sich folgende Gliederung:

- Maruha schwarz mit weißen Tupfen = Goishi
- Maruha gelb mit weißen Tupfen = skura Goishi, dabei steht skura für die Kirschblüte
- Maruha dreifarbig mit weißen Tupfen = miiro Goishi, dabei steht miiro für drei Farben

Die hennenfiedrigen Farbenschläge sind alle weißgetupft, es gibt sie in Schwarz, aber auch in Gelb und Dreifarbig. Die Hennen dieser Varianten sind im Schwanz etwas kürzer als die Hennen aus hahnenfiedrigen Linien, die Feder ist allgemein kurz und rund. Der Schwanz wird steiler, weiter gefächert und breiter getragen, als wir es von den normalen Chabo gewohnt sind. Die Tupfung ist größer, und dadurch wirken die Tiere heller (und damit älter). Hennenfiedrige Hähne wirken kleiner als hahnenfiedrige, der Kopf ist kleiner und wirkt durch den knappen Halsfederkragen kleiner. Dennoch wird meist eine schöne u-förmige Rückenlinie erreicht, die dem Chabo alle Ehre macht.

Hennenfiedrigkeit gibt es in zwei Abstufungen. Bei der einen ist das erste Hahnensteuerfedernpaar, das den Schwertern entspricht, etwas länger als die Paare zwei bis sieben, die Schwanzdecken sind länger als bei den Hennen. Die zweite Form ist durch gleich lange Steuernfedern gekennzeichnet und durch stets knappes und kurzes Gefieder, auch dem der Schwanzdeckfedern. Diese zweite Variante ist anzustreben.

1,0 hennenfiedrig gelb mit weißen Tupfen (M. Bartl, 2011)

Hennenfiedrigkeit ist mit reduzierter Sporenbildung verbunden, dies hat keinen Einfluss auf die Manneskraft der Hähne. Befürchtungen in dieser Hinsicht sind absolut unbegründet, im Gegenteil: Die Ausprägung des Hennengefieders ist hormongesteuert; wird die Hormonproduktion der Eierstöcke verhindert, durch Krankheit, hohes Alter oder durch operative Maßnahmen, so mausern solche Hennen in ein Gefieder um, das hahnenfiedrige Züge hat.

Die Formvarianten

Bärtige Chabo – Okina Chabo

Die bärtigen Okina sind ein recht junger Zweig in der Chabo-Rassegruppe. Es sind weiße Chabo mit der Besonderheit des breiten Kinn- und Backenbartes. Der Bart verhindert die Ausbildung der Kehllappen, sie sollen nicht sichtbar sein oder ganz fehlen. Der Kamm ist oft etwas kleiner, als wir es von anderen Chabo gewohnt sind, und auch akzeptabel. Durch das Fehlen der

Okina Chabo, 0,1 weiß
(A. Stüber, Bodenfelde, 2007)

Kehllappen bzw. die durch den Bart nicht sichtbaren Kehllappen ist das Kopfrot um einen wesentlichen Teil reduziert. Dadurch entsteht der Eindruck der Kleinheit.

Auch in körperlicher Hinsicht sind die Okina kleiner als andere Varietäten der Chabo-Vielfalt. Sie wiegen im Mittel rund 100 Gramm weniger als andere Tiere.

Im Prinzip wäre es möglich, alle Farbvarianten mit Bart zu züchten, doch sind nur die Weißen anerkannt und vorhanden. Die Okina vermitteln durch ihre geringe Größe und die Ähnlichkeit mit den Antwerpener Bartzwergen auch deren kecken Eindruck. Sie wirken trotz des weißen Rauschebartes weniger behäbig als andere Chabo.

Kurzschwänzige, großkämmige Chabo – Daruma

Kurzschwänzige, großkämmige Chabo sind Kinder der Subtropen, sie stammen aus dem japanischen Süden und werden auch, nach einer Präfektur auf der Insel Kyushu, Higo-Chabo genannt. Japan liegt auf Höhe des Mittelmeeres, die südlichen Inseln auf der Höhe Nordafrikas. Die besonderen Verhältnisse auf der anderen Seite des Globus lassen dort ein subtropisches, warm-regenreiches Klima entstehen, kein im Sommer trocken-warmes Mittelmeerklima. In diesem warm-feuchten Klima sind die großkämmigen Chabo entstanden, das große Kopffleisch hilft dabei Wärme abzustrahlen.

Ganz im Gegensatz zu den übrigen Chabo sollen die Daruma ein kleines, zusammengefaltetes Schwänzchen mit zwei dünnen und stark gekrümmten Hauptsicheln haben, die den Kopf nicht überragen sollen. Und dieses knappe kurze Gefieder soll verbunden sein mit einem normal langen, üppigen Halsbehang, mit sensationell großem Kamm und sehr langen fleischigen Kehllappen. Ein Ergebnis, das eigentlich nicht möglich erscheint.

In den Adern dieser Variante fließt das Blut der normalen Chabo, der Taikan Chabo, und sie haben vermutlich auch genetische Anleihen bei ähnlichen kurzschwänzigen Rassen genommen. Hier kann die Brücke zu den Zwerg-Cochin, in einer früheren Typisierung, geschlagen werden. Die Nachzucht ist erstaunlich vielgestaltig. Das erwünschte knappe und kurze Gefieder ist in warm-feuchten Verhältnissen vermutlich einfacher zu erreichen als bei europäischen Bedingungen; hier bewirkt das Klima ein reicheres, dichteres, längeres Gefieder. Ein perfekter Daruma-Hahn ist also ein Lottogewinn.

Normalbeinige Junghennen, die eilig durch den Auslauf rennen, haben durchaus etwas von Zwerg-Langschan. Wenn die Tiere aber alt, breit und behäbig werden, dann sind es echte Chabo. Kurz, breit und stämmig sollen Daruma sein, der riesige Kamm verlangt einen großen breiten Kopf mit langem Schnabel. Wärme fördert das Kammwachstum, Großkämme sollten wärmer durch den Winter geführt werden als Normalchabo (um 10 °C).

1,1 Higo Chabo Daruma, weiß, 2002

1,0 Daruma, Japan, 2009

Wenn Daruma an mitteleuropäische Verhältnisse akklimatisiert sind, sind sie ähnlich vital, widerstandsfähig und robust wie andere Chabo auch, großkämmige Hähne verlangen aber etwas Rücksicht: Man stelle ihnen das Wasser schulterhoch auf und lasse sie nur aus schmalen Rinnen trinken und aus großen Näpfen fressen.

Durch eine Besonderheit sind großkämmige Chabo bei uns zurzeit unerwünscht: Der Vorkamm, das vordere Kammfleisch ragt bei ihnen über die Schnabelspitze hinaus. Angeblich sollen solche Hähne in der Futteraufnahme behindert sein. Wer Großkämme gehabt hat, wird aber bestätigen, dass sie zwar etwas langsam sind, aber keineswegs behindert. Sie brauchen fürs Fressen mehr Zeit und Ruhe als andere Chabo und Althähne verlangen Respekt von ihren Mitgenossen, sie mögen es nicht, wenn andere ihnen das fixierte Korn vor dem Schnabel wegschnappen. Im Garten und im Auslauf sind sie aber genauso emsige Futtersucher wie andere Chabo auch. Sie bleiben bei Sommerregen länger draußen als andere Chabo und ziehen das Suhlen in feuchtem Sand dem Staubbad vor (das ist das Tropenerbe!).

Neben den schwarzen Daruma mit roten oder dunkelbraunen Augen gibt es auch, sehr selten, gelbbeinige, weiße Daruma.

Großkämmige Chabo – Taikan

Taikan Chabo sind große, starkkämmige Chabo mit normal großem Schwanz aus Südjapan. In der Form sind sie gröber und größer als andere Chabo, zum Teil mit nicht ganz so kurzen stämmigen Beinen, mit gröberem Kopf und längerem Schnabel. Die riesigen Kopfanhänge sind nicht originäres Chabo-Erbe, sondern stammen von großkämmigen Großhühnern, es wurde ein Großhuhnkopf auf einen Chabo-Körper gesetzt. Das andere Blut, das zusätzlich in den Taikan-Adern fließt, bewirkt, dass manche Taikan-Linien ganz unchabohaft scheu und flattrig sind. Andere Linien sind aber frei von dieser Schreckhaftigkeit.

Die Hauptfarbe der Taikan ist Weiß mit schwarzem Schwanz, daneben gibt es – ganz selten – Reinweiße als einzige Zweit-

1,0 Higo Chabo Taikan, weiß mit schwarzem Schwanz, 2002

farbe. Die Schwerter sind oft wunderbar gerade, das Schwarz ist tief und grün glänzend und der weiße Saum um Schwerter und Nebensicheln scharf abgesetzt. Obwohl die Hennen mit ihrem großen kippenden Kamm den Eindruck von Dauerlegern vermitteln, legen auch sie nach Chabo-Art kurze Serien von Eiern, um dann, wie andere Chabo auch, brütig zu werden.

Taikan-Hennen, die ihre respektable Kammgröße durch diverse Brütigkeiten und Teilmausern hindurch beibehalten, sind beste Vererberinnen. Taikan-Hennen sind sehr kämpferische Mütter und gehen beherzt auf die Hand des Züchters los, der nur den Wasservorrat wechseln will. Das kennen wir so nicht von den Chabo-Hennen!

Mit der nötigen Rücksicht auf die Großkämmigkeit der Althähne ist eine hoch platzierte Tränke anzubringen, damit die Kehllappen trocken bleiben, sowie große Futternäpfe, in die der Kopf hineinpasst. Ansonsten sind Taikan unproblematische Pfleglinge, sie brauchen aber mildere Wintertemperaturen. Der über die Schnabelspitze hinausreichende Vorkamm ist hier ebenso wenig ein Problem wie bei den Daruma Chabo.

Bilder von Taikan-Hähnen haben das Bild der Chabo im 20. Jahrhundert entscheidend geprägt und die Devise hieß: Kämme der Chabo sollen so groß wie möglich sein. Der Sonderstatus der Taikan als eigenständige Chabo-Rasse war nicht bekannt, sodass es zu dieser Fehlentwicklung kam. Heute verlangt man die Kämme der Chabo groß und die der Taikan sehr groß, es ist aber in Mitteleuropa nur begrenzt möglich, ohne tropische Wärme das Handspannenmaß von Kehllappenende bis zur Kammspitze zu erreichen: 20 cm!

Kaulschwänzige Chabo

Im europäischen Ausland ist es durchaus möglich, schwanzlosen Chabo zu begegnen. Auch das Gen der Schwanzlosigkeit ist in der Hühnerwelt alteingeführt und in manchen Rassen zu finden und leicht auf Chabo zu übertragen. Die Liebhaber dieser Varietät sind aber recht einsam. Es sind eben doch keine echten Chabo!

Die klassischen Farbenschläge

Weiß

Weiße Chabo sind erstaunlicherweise relativ selten, obwohl es ein schöner und sehr dekorativer Farbenschlag ist. Der Kontrast zwischen rotem Kopf, gelbem Schnabel und gelben Füßen und dem strahlend weißen Gefieder ist sehr ansprechend. Das Chabo-Weiß ist ein Orientalenweiß, das heißt, es hat stets einen leicht gelben Anflug und ist nicht so makellos schneeweiß wie das Leghornweiß.

Damit der gelbe Anflug nicht allzu stark wird, ist es gut, weiße Chabo für Ausstellungszwecke in schattigen Ausläufen zu halten und die Sonne zu meiden. Da Chabo die Sonne lieben, ist dies schwierig, wie bei

1,0 kaulschwänzig, schwarz mit weißen Tupfen – eine in den Niederlanden entstandene und dort anerkannte Varietät

vielen weiteren Farbenschlägen! Tiere mit grauen oder grünlichen Füßen stammen aus der Blauzucht und haben in der Weißzucht nichts zu suchen. Wenn blasse Beine auf eine rege Legetätigkeit zurückgehen, sind sie zu entschuldigen. Andere Farben sollte man nicht einkreuzen!

Schwarz

Man ist geneigt anzunehmen, Schwarz sei eine einfache Farbe. Das ist ganz gewiss nicht so. Schwarz ist schwierig zu ziehen!

0,1 weiß (T. Lütkehellweg, Langenberg, 2007)

Zudem gibt es diesen Farbenschlag in drei Varianten:

- Ganz Schwarz wie die Seidenhühner, mit schwarzer Haut und schwarzen Organen. Dieser Farbenschlag ist sehr selten und sieht in seiner Düsternis wenig ansprechend aus, hat aber seine Liebhaber.
- Schwarz mit dunklem Gesicht. Dies ist eine Farbvariante, wie sie bei den Kampf-hühnern relativ häufig vorkommt, mit maulbeerfarbenem Gesicht und braunen Augen. Beim Hahn wird aufgrund der größeren Durchblutung das Gesicht oft rot, man kann dann an den dunklen Augen erkennen, zu welchem Typ das Tier gehört.
- Schwarz mit rotem Gesicht.

Der Standard sieht beide Varianten vor, rot- und dunkelgesichtig, geschätzt wird aber vornehmlich der Typ mit rotem Gesicht und roten Augen.

Schon als Küken kann man diese beiden Typen unterscheiden. Küken, die rotäugig werden, sind schwarz auf dem Rücken und unterseits weiß und haben im Kükengefieder einige weiße oder weiß gezeichnete Federn. Die Federstruktur ist gut.

1,0 schwarz (U. Ahrens, Bohmte, 2013)

Schwarz dunkelgesichtig und rotgesichtig

Das Küken, das schwarzäugig wird, hat schwarze bis schwarzgraue Bedunung, kein Weiß im Kükengefieder und eine schlechte Federstruktur, das Kükengefieder ist oft strähnig. Paart man allzu lange rotäugig Schwarz × rotäugig Schwarz, so kann es sein, dass das Schwarz zu dünn wird, es kommen darunter liegende Farben zum Vorschein: Rot oder Silber im Hals der Hähne oder Weiß in den Schwingen und im Kleingefieder. Einige weiße Federchen in den Brauen stören nicht. Dieses Weiß zeigt, dass Schwarz und Schwarz mit weißen Tupfen verwandt sind.

Man kann ohne Schaden rotäugige Schwarze in die Weißgetupften einkreuzen. Gegen das Dünnwerden des Schwarz muss man gegensteuern, indem man dunkeläugige Schwarze, die immer wieder fallen, in die Zucht der Rotäugigen hineinnimmt. Diese Schwarzäugigen müssen ordentlichen Grünglanz haben (sie neigen zu Violettglanz), sie müssen zumindest gelbe Fußsohlen haben und eine einwandfreie Federstruktur. Wenn sie zu lange im Stall gehalten oder zu trocken gehal-ten werden, wird die Feder der dunkeläugigen Schwarzen als Erstes rau, glanzlos und struppig.

So wunderbar kontrastreich schwarz wie schwarze Italiener oder schwarze Wyandotten werden Chabo nie, weil sie keinen gelben Schnabel und keine gelben Beine haben werden. Beide sind mehr oder minder dunkelgrau bis schwarz, die Fußsohlen müssen aber (zumindest bei Jungtieren!) gelb sein.

Perlgrau

Neben dem spalterbigen Andalusierblau gibt es noch ein weiteres Blau: das helle, rein-erbige Perlgrau, das sich vom Andalusierblau durch fehlende Säumung und gleichmäßig graublaue Färbung unterscheidet. Das Schmuckgefieder der Hähne und der Halskragen der Hennen sind nicht wesentlich dunkler als der Rest des Gefieders.

Wie die Blauen und die dunkeläugigen Schwarzen, so leiden auch die Perlgrauen schnell unter rauen, stumpfen, zerschlissenen Federn, bei Trockenheit werden sie schnell unansehnlich. Ihr Gefieder braucht mehr Pflege und Feuchtigkeit als das der anderen Farbenschläge, es braucht Schutz vor Trockenheit und zu viel Sonne. Beim Hahn mehr als bei den Hennen, die oft schön gleichmäßig gefärbt sind, ist eine leichte schwarze Pfefferung farbspezifisch. Schwarze, weiße Federn und braunrote Flecken sowie gelber Anflug sind unerwünscht.

Perlgraue sind ebenfalls von all den Farbenschlägen fernzuhalten, die Rot oder Silber im Hals haben. Reine Weiße und Schwarze können hingegen gelegentlich eingepaart werden.

Blau

Der blaue Farbenschlag der Chabo ist ein Andalusierblau mit mattschwarzem Schmuckgefieder und dunklem Saum. Es ist ohne Bedeutung, ob dieses Blau ein mittleres, dunkles oder helles Andalusierblau ist, es soll regelmäßig sein und nicht scheckig. Da das Blau eine Verdünnung von Schwarz ist, haben blaue Chabo mit denselben Problemen zu kämpfen wie die Schwarzen, mit Rot und Silber im Hals, mit Weiß und zusätzlich mit Schwarz im Großgefieder. Zudem ist das Andalusierblau spalterbig, die Nachkommen spalten auf in Schwarz und Blau und Weiß. Dieses Weiß ist ein Andalusierweiß mit schwarzen Sprenkeln und mit grauen Läufen. Diese Weißen eignen sich nur gut für die Blau-

0,1 blau mit dunklem Saum (H. Renken, Fintel, 2007)

zucht in der Paarung gegen Blau oder Schwarz. Sie dürfen nie in die Zucht der Reinweißen gelangen.

Da dunkles Gesicht und dunkle Augen den Wert eines blauen Chabo mindern, sei man vorsichtig mit der Einkreuzung dunkelgesichtiger, braunäugiger Schwarzer.

Tadellose Blaue werden immer selten sein. Zudem ist das Blau nicht lichtecht, es wird mit der Zeit blasser. Da Chabo-Hennen Leger des alten Typs sind, ist jede Lege- und Brutperiode mit einer kleinen Zwischenmauser verbunden: Teile des Groß- und Kleingefieders werden nach einer Brut gewechselt. Diese neuen Federn sind dunkler als die alten und lassen das Tier scheckig erscheinen. Blaues Gefieder ist wie schwarzes empfindlich gegen zu trockene Haltungsbedingungen, es wird rau und spröde. Ein nicht allzu trockenes Sandbad und Freilandaufenthalt im feuchten Schatten sind gut für blaue Chabo.

Erfolgreiche Züchter zeigen zudem Tiere mit sehr breiten Federn, wodurch das Erscheinungsbild dieses Farbenschlages begünstigt und seine Anziehungskraft noch verstärkt wird.

Gesperbert

Eine weitere Variante des Schwarzen ist die Sperberung. Gesperberte Chabo sind nicht klar hell-dunkel gestreift wie die klassischen gestreiften Farbenschläge – perfekt zeigen es die Plymouth Rocks –, sondern sie haben eine etwas verwaschene hell-dunkle Sperberung, die besonders in den Steuern und Schwingen weiter ausdünnt. Das vordere, erste Steuerfederpaar und die Armschwingen der Hennen sollen aber gut gezeichnet sein. Die geringe Abdeckung der langen Steuerfedern, sowohl der Hähne als auch der Hennen, macht Weiß oder Schwarz störend sichtbar.

Hähne mit gut durchgesperbertem Schwanz ohne sichtbares Weiß sind seltene Perlen. Bei anderen kurzschwänzigen Sperberrassen sind die Steuerfedern nahezu abgedeckt und Basisweiß fällt nicht auf. Es liegt in der Natur der Sperberung, dass Hennen etwas dunkler sind als die Hähne, und es gelingt oft, gut gezeichnete Hennen auf Schauen zu präsentieren.

Die klassische, kontrastreiche Streifung, scharf und schmal, ist im Erbgut der Chabo nicht vorgesehen, die nötigen genetischen Anleihen bei anderen Rassen würden dem Chabo-Typ zu sehr schaden. Gelbsperber – wie bei den Zwerg-Cochin – gibt es bei den Chabo nicht, weil der entsprechende cochingelbe Farbenschlag nicht existiert. Eine davon abweichende Erscheinung der gelbgesperten Zeichnung bei den Chabo steht in der genetischen Verbindung zu dem gesattelten Farbenschlag.

1,0 gesperbert
(U. Ahrens, 2006)

Schwarz mit weißen Tupfen

Der Farbenschlag Schwarz mit weißen Tupfen ist neben Weiß mit schwarzem Schwanz der Chabo-Klassiker. Im Gen-Pool der Chabo sind für diesen Farbenschlag drei Ausprägungen vorgesehen,

1,2 schwarz mit weißen Tupfen (G. Meyer, Steinhude, 2006)

eine dunkle Variante mit kleinen Tupfen, eine mittlere mit großen, runden Tupfen und eine helle Variante mit viel Weiß in Schwanz und den Schwingen sowie mit einem Kleingefieder, das halb schwarz und halb weiß ist. Da Weiß die obere Federhälfte einnimmt, wirken die Tiere sehr hell.

Heute ist nur die dunkle Variante erwünscht. Da die Tupfen im Schmuckgefieder der Hähne entsprechend der langen schmalen Federform sehr klein sind, wirken die Hähne recht dunkel. Mit jeder Mauser werden die Tupfen etwas größer und reiner, sodass Alttiere die schönsten Vertreter dieses Farbenschlages sein können. Die besondere Schwanzhaltung der Hähne bringt es mit sich, dass ganz weiße Steuerfedern sehr auffallen und das Tier entwerten. Einzelne komplett weiße Schwingen sind tolerierbar.

Einzigartig in der Haushuhnwelt ist die Farbe der Eintagsküken: Sie schlüpfen weiß mit einem kleinen schwarzen Fleck auf dem Hinterkopf. Alle anderen Rassen haben im weißgetupften Farbenschlag ein schwarzweißes Dunenkleid, schwarz oberseits und weiß unterseits, so wie die rotäugigen schwarzen Chabo. Die ersten Federchen sind weiß, aber bald kommen weitere neue Federn mit schwarzem Grund und weißen Spitzen hinzu.

Sinnvolle Anleihen bei anderen Farbenschlägen sind eigentlich nur von Schwarz möglich. Im Heimatland der Chabo, in Japan, züchtet man die getupften Farbenschläge in der hennenfiedrigen Variante, dann sehen Hahn und Henne gleich getupft aus.

Weiß mit schwarzem Schwanz

Der Farbenschlag Weiß mit schwarzem Schwanz ist der königliche Farbenschlag der Chabo. Diese Zeichnung ist eine reduzierte Columbiazeichnung, ohne Schwarz im Hals. Weiße Haushähne mit schwarzem Schwanz gibt es viele, besonders bei den nordwesteuropäischen Sprenkelhühnern, aber die Hennen sehen grundlegend anders aus, nicht ebenfalls weiß mit schwarzem Schwanz. Diese Kombination ist in der

Hühnerwelt einzigartig. Doch nicht nur der Schwanz ist schwarz, sondern auch die im zusammengefalteten Flügel nicht sichtbaren Innenfahnen der Hand- und Armschwingen, sodass der gefaltete Flügel weiß wirkt; etwas Schwarz ist auf den Spitzen der Handschwingen zu sehen, die unter den Armschwingen herausragen. Die Hauptsicheln des Hahns und die Nebensicheln sollen feine weiße Ränder haben, ebenso das erste Steuerfederpaar der Henne, dieses Paar entspricht den Hauptsicheln des Hahns.

Das züchterische Problem besteht darin, dass der sichtbare Teil des Schwanzes gut schwarz bleibt, doch neigt das Basisweiß der Schwanzfedern dazu sich auszubreiten. Es muss also darauf geachtet werden, dass hinreichend Schwarz auf den Innenfahnen der Schwingen vorhanden ist und dass das Schwarz der Steuerfedern tief hinunter geht, ohne dass Schwarz im Hals oder auf dem Sattel erscheint.

0,1 weiß mit schwarzem Schwanz
(W. Schlicke, Dresden, 2007)

Hennen, die in den Folgejahren gutes Schwarz zeigen, mit fein weiß gesäumtem erstem Steuerfederpaar, sind die besten Zuchttiere. Leider ist das Weiß dieses Farbenschlages lichtempfindlich: Es wird in der Sonne gelb. Althähne bekommen in einem sonnenreichen Jahr nach einem Sommer im Freien ein gelbliches Schmuckgefieder, das zwar im Winter etwas heller wird, aber dennoch optisch nicht anspricht. Hier hilft bei den Hähnen für Ausstellungen nur die konsequente Haltung im Schatten, denn das Sonnengelb wird auf den Schauen streng bestraft. Dennoch ist dieser Farbenschlag der schönste der Chabo!

Die Küken schlüpfen weiß und bekommen recht spät die ersten schwarz-weißen Federn.

Weiß mit blauem Schwanz

Weiß mit blauem Schwanz ist die Blauvariante zu Weiß mit schwarzem Schwanz, wie Blau zu Schwarz. Wegen der größeren Schwierigkeiten – Schwarz oder Weiß im Schwanz oder unregelmäßiges Blau – werden Blauschwänze stets seltener sein als Schwarzschwänze. Das Gelbproblem ist dasselbe wie bei den Weißen mit schwarzem Schwanz, hinzu kommt die Lichtempfindlichkeit des blauen Gefieders.

Gelb mit schwarzem Schwanz

Gelb mit schwarzem Schwanz entspricht im Grunde dem Farbenschlag Gelbcolumbia der anderen Rassen, wiederum ohne Schwarz im Hals. Das haben auch die New Hampshire-Hähne, aber die Hennen haben halb verdecktes Schwarz im Hals, gelbe Chabo-Hennen nie. Wie die New Hampshire, so zeigen auch die gelben Chabo-

0,1 weiß mit blauem Schwanz, gelockt (F. Bundschuh, Belzig, 2007)

1,4 gelb mit schwarzem Schwanz

1,0 gelb mit blauem Schwanz (F. Niebuhr, Knesebeck, 2005)

Hähne verschiedene dunklere Töne im Schmuckgefieder. Die Hennen aber sollen gleichmäßig gelb sein, weder zu rot noch zu blass.

Das ist schwer zu erreichen, unter anderem neigt das Halsgefieder der Hennen dazu, sich farblich abzusetzen. Hinzu kommt eine gewisse Lichtempfindlichkeit des Gelb, es bleicht mit der Zeit aus, sodass Zwischenmausern das Gefieder fleckig werden lassen, die dunklen neuen Federn fallen im ausgeblichenen alten Gefieder sehr auf. Diese Fleckigkeit wird nicht gern gesehen.

Auch bei den Gelben müssen die Innenfahnen der Schwingen gut schwarz sein, als Farbreserve für den schwarzen Schwanz. Reingelbe Chabo mit gelben Schwingen und gelbem Schwanz gibt es nicht, entsprechend fehlt auch der gelb gesperberte Farbenschlag.

Gelb mit blauem Schwanz

Auch zu den Gelben gibt es eine Blauvariante, mit denselben Schwierigkeiten wie bei den Weißen mit blauem Schwanz. Schwarz und Weiß im Schwanz sowie ungleichmäßiges Blau sind zusätzliche Hürden auf dem Wege zum perfekten gelben Chabo mit blauem Schwanz. Diese Farbenschläge werden immer Nebenfarben bleiben, mit denen sich wenige Züchter befassen.

Schwarz-Silber

Entsprechendes gilt für Schwarz-Silber, die Paarung Weiß mit schwarzem Schwanz × Schwarz ergibt ziemlich brauchbares Schwarz-Silber.

1,0 schwarz-silber, gelockt
(A. Prix, Seligenstadt, 2012)

Auch hier soll das Silberweiß auf den Hals der Hennen beschränkt bleiben und auf die Behänge und die Flügeldecken beim Hahn, das übrige Gefieder soll grün glänzend schwarz sein, ohne weiteres Weiß. Doch auch dieses Weiß hat das Bestreben sich auszubreiten, als Säumung auf Brust und Bauch sowie auf die Flügel. Lange Zeit waren die Schwarz-Silbernen einer der Paradefarbenschläge mit sagenhaftem Kopf und respektabler Größe.

Schwarz-Gold

Paart man einen schwarzen Chabo mit einem gelben mit schwarzem Schwanz, so erhält man bereits in der ersten Generation einige brauchbare schwarz-goldene Chabo. Der gold-orangefarbene Anteil ist unterschiedlich, erwünscht ist er aber nur bei

1,0 schwarz-gold (T. Lütkehellweg, Langenberg, 2007)

den Hennen auf Kopf und Hals, mit scharfen Schaftstrichen auf der ganzen Länge der Feder (zusätzlich beim Hahn auf dem Kopf) und auf den Behängen sowie auf den Flügeldecken. Verlangt wird ein schwarzes Brustgefieder, das nicht leicht zu erreichen ist. Toleriert wird eine leichte Halssäumung, die jedoch nicht tiefer als bis zur Höhe des Flügelbuges reichen darf. Den Vorzug erhalten immer die Tiere mit der reinen Brustfarbe.

Je nachdem auf welchen Schwarztyp die Schwarz-Goldenen zurückgehen, haben sie dunkelbraune oder rote Augen und mehr oder minder dunkle Füße mit gelben Sohlen. Die Farbe hat die Neigung sich auszudehnen, braune Säumung der Unterseite und Aufhellungen des Flügeldreiecks sind aber unerwünscht. So wertvoll die Schwarzen für die Schwarz-Goldenen sind, so fatal sind die Schwarz-Goldenen in der Schwarzzucht, denn sie bringen Rot in den Hals der schwarzen Hähne, das kaum wegzuzüchten ist. Je nach der Güte der Schwarzen sind schwarz-goldene Chabo hervorragende Vertreter ihrer Rasse!

Gold-Weizenfarbig

Die eigentliche Wildfarbe der Chabo ist nicht eine Bankiva-Färbung, sondern, wie bei vielen ostasiatischen Rassen auch, eine Weizenfarbe. Gemeint ist die Farbe der Hennen, die wie reifer Weizen sein soll, ein abstufungsreiches Gemisch mit Übergängen ins Braune, Sandfarbene und ins hell Mehlige. Etwas verdecktes Schwarz ist im Hals und auf den Innenfahnen der Schwingen, sichtbar wird es als Grauschwarz mit Braun in den Steuern.

Die Hennen wirken insgesamt recht hell, bezeichnendes Charakteristikum ist ein goldiger Saum des Halsgefieders und eine etwas verdeckte Zeichnung an der Basis der

0,1 gold-weizenfarbig
(K. Schlüter, Wunstorf, 2005)

Kragenfedern. Die Hähne sind sehr dunkel: Schwarz sind Brust, Bauch und Schenkel, Schwanzfedern, die Innenfahnen der Schwingen und der Flügelspiegel. Braunrot oder rotbraun ist das Schmuckgefieder, besonders leuchtend die Schultern, Rücken und Flügeldecken. Die Behänge sollen keinen sichtbaren Schaftstrich zeigen.

Silber-Weizenfarbig

Zu der eigentlichen Weizenfarbe gibt es noch eine helle Variante, die Silber-Weizenfarbe. Bei den Hähnen ist das Braunrot der Behänge durch ein Strohgelb ersetzt, das leuchtende Rotbraun auf Schulter, Sattel- und Flügeldecken ist zu einem strahlenden Orangerot aufgehellt, das Flügeldreieck ist sandfarben statt braun. Die schwarzen Partien bleiben schwarz, allerdings schimmert der Flügelspiegel lebhaft grün oder blau.

1,0 silber-weizenfarbig
(K. Seevetal-Helmstorf)

Die Hennen sind heller als die gold-weizenfarbenen; die helle Mehlfarbe hellt auf zu Elfenbeinweiß. Trennmerkmal zu den gold-weizenfarbenen Hennen ist ein silberner Saum der Halsfedern und zu den blassen Hennen der Gelben mit schwarzem Schwanz eine verdeckte dunkle Zeichnung an der Basis des Halskragens.

Die weizenfarbenen und gelben Hennen sind, insbesondere in ausgeblichenem Zustand, schwer zu unterscheiden. Eine sorgfältige Trennung der Farbenschläge und Buchführung ist nötig, damit es nicht zu unerwünschten Vermischungen kommt.

Wenn sich die Geschlechter bei den Jungtieren auszuprägen beginnen, dann sieht es aus, als seien in der Jungtierherde der Weizenfarbigen zwei Farbenschläge gemischt, so verschiedenartig sind Hahn und Henne.

Die neueren Farbenschläge

Perlgrau mit weißen Tupfen

Entsprechend zum Farbenschlag Schwarz mit weißen Tupfen gibt es auch die Variante Perlgrau mit weißen Tupfen. Grundfarbe ist das Graublau der ungetupften Perlgrauen, kombiniert mit den weißen Tupfen der Schwarz-Weißgetupften.

Die Ungleichmäßigkeit des Graublau bei den Hähnen ist eine Erschwernis. Dennoch ist die Zartheit der Färbung hinreißend, insbesondere bei schön getupften Hennen.

Gelb mit weißen Tupfen

Die Variante Gelb mit weißen Tupfen fällt etwas aus dem Rahmen, denn bei dieser Farbvariante hat der Hahn einen weißen Schwanz mit gelber Säumung der Nebensicheln. Die Grundfarbe ist ein rötliches Gelb. Das Schmuckgefieder ist dunkler und leuchtender als das Grundgefieder, es ist strukturiert durch weiße Schaftstriche und weiße Spitzen. Brust und Bauch sind gelb und weiß getupft. Die Außenfahnen der Schwingen sind gelb, die gefaltet nicht sichtbaren Innenfahnen weiß, sodass das Dreieck des gefalteten Flügels gelb erscheint mit weißen Endtupfen der Armschwingen.

Die Hennen sollen Steuern haben, die unten gelb und oben weiß sind, eine gleichmäßige Grundfarbe mit gut verteilter weißer Tupfung ist anzustreben. Andersfarbige Spritzer und weiße Federn im Großgefieder gelten als grobe Fehler.

0,1 perlgrau mit weißen Tupfen (H. Renken, Fintel, 2007)

Rot mit weißen Tupfen

Im Jahr 2011 ist durch die Anerkennung der Farbenschlag Rot mit weißen Tupfen im Standard hinzugekommen. Im Zeichnungsmuster gilt die gleiche Verteilung, wie sie bei den Gelben mit weißen Tupfen beschrieben wurde. In der Grundfarbe, dem rötlichen Braun, gleichen sich Hahn und Henne eher. Der Hahn zeigt jedoch im Schmuckgefieder etwas Glanz.

Goldhalsig

Wie oben erwähnt, ist die eigentliche Grundfarbe die Wildfarbe vieler ostasiatischer Rassen die Weizenfarbe. Die Bankiva-Farbe, die eigentliche Wildfarbe des Haushuhns, die uns von den europäischen Rassen so vertraut ist, fehlt im Grundbestand. Um diese Färbung auf die Chabo zu übertragen, muss man Anleihen bei entsprechenden Rassen machen und dann wieder auf „Chabohaftigkeit" zurückzüchten.

Die Hähne der Goldhalsigen unterscheiden sich von den Gold-Weizenfarbigen eigentlich nur durch schwarze Schaftstriche im Halskragen. Die Hennen sollen den goldigen Farbton der entsprechenden europäischen Rassen haben, mit goldgelbem Halskragen und schwarzen Schaftstrichen, mit goldbraunem Mantelgefieder, das schwarz gerieselt und nervgezeichnet ist, dazu kommt die berühmte Lachsbrust.

Es ist nicht einfach, diese Färbung auf die Chabo zu übertragen, denn ihr Genbestand wehrt sich recht lange gegen Neuerungen und nach anfänglichen Erfolgen kommen immer wieder Rückschläge.

0,1 rot mit weißen Tupfen
(H. Renken, Hannover, 2011)

0,1 goldhalsig
(M. Kraft, Kitzingen, 2013)

Silberhalsig

Bei den Silberhalsigen sind die Farben Gold, Rot und Braun durch Silberweiß und Grau ersetzt. Der Hahn hat kein Strohgelb oder Orange, sondern nur Silberweiß und Schwarz, mit schwarzen Schaftstrichen im Kragen.

Die Henne hat einen silberweißen Kragen mit schwarzen Strichen, das Mantelgefieder soll silbergrau sein mit schwarzer Rieselung und weißer Nervung, dazu die leuchtend lachsfarbene Brust. Dieses Gefieder bei einer Chabo-Henne in der von den europäischen Rassen gewohnten Perfektion zu präsentieren ist eine der größten Herausforderungen der Chabo-Zucht.

0,1 silberhalsig
(M. Bartl, Laupheim, 2011)

Rebhuhnfarbig-Gebändert

Diese Bänderung bewirken zwei bis drei schwarze Bänder, die, dem Umriss der Hennenfeder folgend, das goldbraune Federfeld harmonisch aufteilen. Wir kennen diese Farbe unter anderem von den Wyandotten, die sie in Perfektion präsentieren. Die Bänderung ist eine Hennenfarbe, die Hähne sind Mittel zum Zweck. Sie unterscheiden sich von den Goldhalsigen durch braune Säumung des schwarzen Brust- und Bauchgefieders.

Die Bänderung ist dem Grundbestand der Chabofärbungen ebenfalls fremd und muss von anderen Rassen übertragen werden. Wie bei Rieselung, Nervzeichnung und Lachsbrust der halsigen Farbenschläge sperren sich die Chabo-Gene lange gegen diese Neuerung.

0,1 silberfarbig gebändert
(K.-H. Ewers, Hannover, 2012)

Silberfarbig-Gebändert

Bei den silberfarbig-gebänderten Chabo sind die roten, goldenen und braunen Farbtöne der Hähne durch Silberweiß ersetzt; die Henne hat einen silberweißen Kragen mit schwarzen Schaftstrichen und ein graues Mantelgefieder, das dicht schwarz gebändert ist. Diese Farbe nannte man früher – wie auch bei den Brahma – dunkel. Es ist eine Hennenfarbe, bei der der Hahn nur Mittel zum Zweck ist.

Die große Ähnlichkeit der Hähne jeweils der halsigen und gebänderten Farbenschläge zu den Weizenfarbigen führt zu Verwechslungen und in der Folge zu nicht wieder gut zu machenden Schäden in der äußerst schwierigen Zucht dieser neuen Farbenschläge.

Rotgeschultert

Sonderformen des Goldhalsigen sind die rotweißen Farbenschläge, bei denen alles Schwarz fehlt und durch Weiß ersetzt ist. Ideale sind das Pile der Englischen Kämpfer und das Rotgesattelt der Italiener, jeweils mit leicht getönter Brust der Hennen und mit gelben Beinen.

Dies ist bisher bei den Chabo nicht möglich. Hier beschränkt sich das Rot auf ein Gelbrot auf dem Rücken, den Schultern und Flügeldecken der Hähne, das übrige Gefieder ist rahmweiß mit etwas Gelb.

Die Hennen haben ein Gelbrot oder Gelbbraun auf Rücken und Flügeldecken, das übrige Gefieder ist rahmweiß (oder rahmgelb), die Brust ist ebenfalls weiß.

0,1 gold-porzellanfarbig (D. Ruppel, Münster-Wolbeck, 2002)

Gold-Porzellanfarbig

In den Genen der Chabo war die Porzellanfarbe lange Zeit nicht vorgesehen, jedenfalls nicht in der Ausprägung, wie wir dieses Dreibunte von den Federfüßigen Zwergen kennen, von den Millefleurs. Manchmal fallen in der Chabo-Zucht seltene Fehlfarben an, die entfernt an das Porzellanfarbige erinnern, die Farben Braunrot, Weiß und Schwarz sind vorhanden, jedoch nicht in der perfekten Kombination von goldbraunen Feder mit schwarzem Tupfen und darin einer weißen Perle, sondern Schwingen und Schwanz sind schwarz mit etwas Weiß, mehr oder minder braun mit weißen Tupfen der übrige Körper. Die Federfüßigen Zwerge sind mit den Chabo verwandt, sie lassen sich schnell in den Chabo-Typ umzüchten.

Da liegt es nahe, mittels dieser Federfüße Chabo anzustreben, die das perfekte Farbenspiel der Federfüßigen Zwerge in Porzellanfarbig zeigen. Es hat ein wenig gedauert, bis die Kombination Porzellanfarbe und der breite behäbige Chabo-Typ sich gefestigt hat. Dies kann inzwischen als gelungen gelten. Der Farbton ist mittlerweile gleichmäßig, die Tupfung und Perlung ist regelmäßig. Der allgemeine Zuchtstand ist hoch und die porzellanfarbigen Chabo sind inzwischen überall in der Welt sehr beliebt.

Magie der Farben

Vielfalt ist eine überwiegend positiv belegte Eigenheit – besonders dann, wenn es im Verständnis zur Daseinsvorsorge in einem Regelwerk wie dem Standard eingebunden ist.

Es wäre allerdings ein Missverständnis, darin die Maßstäbe möglichst hoch anzusetzen, um den Erfolg nur einigen wenigen zu ermöglichen. Vielmehr gilt es, eine breite Basis zu beschreiben, um damit die Voraussetzung für eine größere Verbreitung zu schaffen. Zwischenzeitlich ist die Einsicht entstanden, dass zur Erreichung optimaler Erscheinungen im Farbenspektrum auch Zwischenprodukte anfallen, die notwendigerweise eingesetzt werden.

Ein sehr typisches Beispiel ist die Zucht der blauen Chabo. Bei einer Verpaarung Blau x Blau ist eine Nachzucht zu erwarten die aus 50 % blau, 25 % schwarz und 25 % splash besteht. Splash – mit Spritzer, so kann das Farbmuster bezeichnet werden – ist bei einigen Rassen ein anerkannter Farbenschlag. Diese an Schwarz gepaart bringen 50 % blaue Tiere und 50 % in splash. Untereinander verpaart ergibt die Nachzucht zu 100 % splash.

Für solche und ähnliche Erscheinungen wurde die AOC Klasse (all other colours) eingeführt. Das heißt, es können diese zwangsläufig anfallenden Farben auch ausgestellt werden. Also die Zucht bekommt dadurch eine Aufwertung. Es versteht sich

0,1 splash seidenfiedrig
(H. Renken, Bohmte, 2013)

1,1 rot mit schwarzem Schwanz (Y. Yakabe, Japan, 2009)

von selbst, die Aufmerksamkeit auch darauf zu lenken, weil zwangsläufig Wege aufgezeigt werden, die sich bei einer Auswahl zu einem Farbenschlag in der eigenen Zucht ergeben.

Umgekehrt ist in Unkenntnis dieser Zusammenhänge eine Enttäuschung vorprogrammiert. Wir sollten uns auch nicht scheuen, zunächst nicht erklärbare „Zufallsprodukte“ zu zeigen. Diese können der Anlass zu einer tiefer gehenden Beschäftigung sein und möglicherweise auch neues Wissen vermitteln. Es sind auch ganz praktische Hinweise zur Vereinfachung in der Administration. Nicht jeder Farbenschlag findet die Gunst zu einer starken Verbreitung – muss er auch nicht, denn Farbenschläge können immer wieder erneut herausgezüchtet werden. Wie viele Sichtungen als Bestandteil eines Anerkennungsverfahrens hat es schon gegeben und dann war`s das auch schon. Das heißt ja nicht, dass es nicht schön wäre, würden diese Farben ein gefestigter Bestandteil in den vorhandenen Populationen sein.

Bei der gegenwärtigen Dynamik des Chabo-Geschehens kann getrost hinzugefügt werden: Was nicht ist, das kann ja noch werden! In der Anlaufspur sind derzeit folgende Farben: Rot mit schwarzem Schwanz, Gelb mit weißem Schwanz, Schokoladenbraun und Gelbgesperbert.

Angeregt durch die Praxis in Asien gehen wir vorsichtig sogar einen Schritt weiter. Dort werden nicht im Standard enthaltene und vermutlich auch nicht reproduzierbare Fantasiefarben in einer „Fancy-

0,1 schokoladenbraun
(R. Boomene, Leipzig, 2012)

Klasse" der Öffentlichkeit gezeigt. Es sind teils traumhafte Erscheinungen, die emotional Begeisterung hervorrufen. Wir wollen ja die Begeisterung für die Zwerge wecken, denn nicht alles ist rational begründbar. Damit wird kein Schaden angerichtet, denn diese Farben kommen und gehen auch wieder. Zurück bleibt ein farblicher Eindruck, der zum Experimentieren anregt und manchen Liebhaber vielleicht zu einer bunten Chabo-Schar im eigenen Garten verführt.

Haltung, Pflege, Zucht

Unterbringung

Chabo stellen keine großen Ansprüche an die Haltungsbedingungen. Als ideale Haustiere geben sie sich mit vielem zufrieden. Der Stall soll trocken und luftig, aber nicht zugig sein. Die Einstreu soll fußwarm und locker sein und den Kot gut aufnehmen. Federvieh staubt immens. In regelmäßigen Abständen muss dieser Staub entfernt werden, er schadet Mensch und Tier.

Man kann Chabo dauernd im Haus oder im Stall halten, sie ständig in Volieren belassen oder sie auch im Stall mit Sommerfrische halten, mit beschränktem oder mit unbeschränktem Auslauf. Dabei ist der Aktionsradius der Chabo ziemlich gering, sie bleiben in Stallnähe. Im Winter sollten sie nur dann in begrünte Ausläufe gelassen werden, wenn das Wetter so mild ist, dass Gras wächst. Chabo bleiben im Winter zur Schonung des Grünauslaufs im Stall, nicht zum Schutz vor den Unbilden der Witterung.

Jungtiere und Alttiere können von April bis November beliebig ins Freie. Wichtig ist Morgensonne. Chabo lieben die Morgensonne bis neun oder zehn Uhr. Die Stallfenster sollten so ausgerichtet sein, dass möglichst viel Wintersonne am Morgen tief in den Stall fällt. Im Sommer können sie sich nach Belieben sonnen, die Mittagszeit verbringen sie im Schatten. Nur lichtempfindliche Farbenschläge, wie Blau, Weiß und Gelb mit schwarzem Schwanz und andere, sollten vor der Sommersonne geschützt werden und in weinberankten schattigen Volieren oder in dicht bepflanzten Ausläufen gehalten werden.

Gartengestaltung und Chabo vertragen sich durchaus, wenn man überwiegend Kleingehölze sowie Horstgräser und Bambus verwendet. Dazu passen verwildernde Blumenzwiebeln und einige Schaftstauden, die im Frühling schnell aufschießen und ungenießbar sind (Geißbart, Pfingstrosen und Ähnliche).

Lange und schmale Rasenstreifen, deren Ränder dicht mit niedrigen Gehölzen bewachsenen sind, werden von den Chabo optimal genutzt, große Freiflächen überqueren sie nicht gern und nutzen sie somit nicht.

Zur Stalleinrichtung sollten immer Sitzstangen gehören, möglichst im hinteren Stallbereich angebracht und möglichst mehrere parallel auf gleicher Höhe, damit die Tiere mit einem Hüpfer zur nächsten Stange Streitigkeiten einfach aus dem Weg gehen können. Höhere Sitzmöglichkeiten als diese Stangen sollte es nicht geben. Nicht flugfähige, gelockte oder seidenfiedrige Chabo sitzen dennoch gern auf niedrigen Stangen.

Wenn Chabo auf Bäumen und Büschen übernachten wollen, wird man erstaunt sein, wie dünn die Äste sind, die sie zum Ruhen bevorzugen. Man nehme also lieber dünne Stangen als zu dicke.

Wesentliche Einrichtungsgegenstände sind die Nester. Chabo stellen daran große Ansprüche; wenn sie ihnen nicht gefallen, suchen sie so lange, bis sie Zusagendes fin-

Einfache Stallungen genügen den Ansprüchen der Chabo.

Ein kleiner „Wintergarten" vor dem Schlupfloch im Stall hilft, die Aufstallungspflicht oder kalte Wintertage für die Tiere erträglicher zu machen.

den, doch das wird dem Züchter gar nicht behagen. Dunkel und nicht sofort einsehbar sollten die Nester sein. Nester, bei denen der Züchter auf den ersten Blick, sozusagen schon von der Tür aus sehen kann, ob Eier darin liegen, sind ihnen nicht diskret genug. Praktischerweise sollen sie groß genug sein, um zugleich als Brutnest, als Aufzuchtbox oder als Hahnenbox dienen zu können, und einander so ähnlich, dass ein Umgewöhnen in eine andere Box leicht erfolgen kann.

Wasser und Futter gibt es aus den handelsüblichen Gefäßen.

Pflege

Zur Pflege gehören auch Gesundheitsfürsorge und Hygiene. Sauberkeit ist gut, ein übertriebenes Streben nach Keimfreiheit unsinnig. Chabo sind robuste und vitale Tiere, die selten erkranken. Nötig ist dennoch eine regelmäßige Kontrolle der Bestände auf Parasiten, das sind sowohl die Eingeweideparasiten („Würmer") als auch die Ektoparasiten, die auf der Haut und den Federn der Hühner sitzen. Eine vom Tierarzt untersuchte Kotprobe gibt Auskunft, ob Wurmkuren nötig sind.

Küken und Alttiere sind auf Federlinge zu prüfen und die Ställe im Sommer auf Vogelmilben. Die blutsaugenden Vogelmilben befallen die Tiere nachts und ziehen sich tagsüber in Verstecke zurück. Milben sind Spinnentiere und mit Insektenvernichtungsmitteln nicht zu packen. Es sind spezielle Präparate nötig, die ausdrücklich Milben vernichten. Vogelmilben leben in Vogelnestern, man ist jedes Jahr erneut gefährdet.

Kalkbeine durch Milbenbefall sind eine Schande für jeden Tierhalter!

Was tun, wenn die Tiere krank sind? Die ärztliche Kunst, auch die tierärztliche, ruht auf den beiden Säulen Diagnose und Therapie. Therapie ohne Diagnose ist Kurpfuscherei, Diagnose ohne Therapie wird aber leider häufig praktiziert (das nennt man dann Keulung).

Im Garten eine Gruppe gold-weizenfarbige Chabo.

Moderne Tierärzte haben heute mit Nutzfedervieh, zu dem die Chabo gehören, wenig Erfahrung. Die Geflügelindustrie hat eigene Tierärzte, die mit anderen gefiederten Patienten nie in Berührung kommen. Insofern ist es oft schwierig, eine fundierte Diagnose zu bekommen.

Die Untersuchungsämter des Landes und des Bundes sind nur an der Feststellung von meldepflichtigen Erkrankungen interessiert. Eine Diagnose um der Diagnose willen können wir von diesen Ämtern nicht erwarten. Und was der Verdacht auf „etwas Meldepflichtiges" bedeutet, das haben wir zur Genüge in den letzten Jahren erfahren: Keulung.

Die Geflügelindustrie setzt auf Sterilität, auf Schutz vor jeder Infektion, die Generationen werden streng steril getrennt, die Küken sehen nie die Elterntiere. Die Hobbygeflügelhaltung kann das nicht, es ist auch nicht nötig. Ist eine Mutter eine tödliche Infektionsquelle für ihr Kind? Selbstverständlich nicht, ebenso wenig eine Glucke für ihre Küken.

Eine natürliche Widerstandsfähigkeit und Robustheit braucht kleine Infektionen, die das Immunsystem trainieren. Hobbyhühner sind nie ganz frei von Erregern, daher lassen sich Erreger in geringer Menge oft nachweisen, diese machen aber nicht krank. Der Tierarzt muss entscheiden, ob Therapien nötig sind.

Manches Küken ist für einige Stunden traurig, am nächsten Tag weiß man schon nicht mehr, welches Küken traurig war, die Infektion ist besiegt. Dieser Zustand heißt Akklimatisation. Akklimatisierte Tiere werden mit einem Erregerfundus fertig, ohne nachhaltig zu erkranken. Dabei stellt sich eine für das jeweilige Tier vertretbare Balance zwischen Erreger und Gegenwehr ein.

Wer die vorgeschriebene Impfpflicht versäumt und nachweislich Bestände von Wirtschaftsgeflügel infiziert, wird vor den Kadi gezerrt und bis aufs letzte Hemd gepfändet. Deshalb: Impfpflichten beachten, Papiere ordentlich führen, die regelmäßigen Meldepflichten der Bestände einhalten!

Man mache es sich zur Gewohnheit, am Abend, wenn es noch hell genug ist, die Tiere von den Stangen zu nehmen und ihren Gesundheitszustand zu überprüfen. Manchmal muss man Zehenkrallen kürzen oder die Ringe der Althähne aufschneiden, wenn auf dem kurzen Lauf kein Platz ist für Ring und Sporn. Manchmal muss man alten Hähnen die Sporen etwas kürzen und rundfeilen. Die Falten in den Kämmen und Kehllappen müssen überprüft und wenn nötig gereinigt werden, ebenso Ohren und Augen. Bei Entzündungen hilft der Tierarzt.

Fütterung

Die Zwerge sind bezüglich des Futters nicht sehr anspruchsvoll. Mit frischem Futter aus dem Handel, also mit Körnermischfutter, gepresstem Fertigfutter und Legemehl, sind die Tiere gesund zu erhalten. Häufig wird allerdings der Futterbedarf überschätzt, das heißt, es wird zu viel verabreicht.

Je nach den Haltungsbedingungen kann sich der Bedarf darüber hinaus noch weiter reduzieren. Schon aus diesem Grund ergeben sich kleine Unterschiede zu möglichen zusätzlichen Gaben, mit denen sich die Tiere auch verwöhnen lassen.

Normalerweise wird morgens etwas Legemehl gegeben und erst am Abend das etwas schwerer verdauliche Körnerfutter. Tagsüber sollen sich die Zwerge beschäftigen können, sodass keine Langeweile und die damit verbunden Untugenden aufkommen können.

Wenn ein freier und durchaus etwas rustikaler Auslauf geboten werden kann, finden die Chabo bei ihren ausgedehnten Streifzügen allerlei Leckerbissen. Keine Sorge – alles, was sie finden und vielleicht auch im Überfluss im Garten vorhanden ist, ist unschädlich. Unsere Hühner haben noch ausgeprägte Instinkte, sodass sie wissen, was ihnen zuträglich ist und was nicht.

Ausgehend vom Frühjahr und besonders bis in den Herbst hinein können sie ihren gesamten täglichen Nahrungsbedarf weitgehend auf diese Weise decken. Gurken, Tomaten, Möhren, Zucchini, Fallobst usw. sind willkommene Fundsachen – entweder im Auslauf selbst entdeckt oder auch im Stall gereicht.

Nun sind die Haltungsmöglichkeiten sehr unterschiedlich und die verfügbare Zeit meist auch noch begrenzt. Gerade aus diesen Gründen kann jede betreuende Person ihr persönliches Ritual für den Ablauf der Pflege und besonders der Fütterung gestalten. Auch mit wenig verfügbarer Zeit kann dabei eine emotionale Bindung entstehen. Die Nahrungsaufnahme allein ergibt noch lange nicht ein optimales Wohlbefinden. Die Wahrnehmung zum Gesundheitszustand der Tiere und die persönlichen Vorlieben von Mensch und Tier zu erkennen, sind die Bausteine, um den gewollten Abstand zum Alltagsgeschehen zu begünstigen. Also, es lassen sich noch viel mehr Eigenheiten damit verbinden.

Zur Gesunderhaltung und auch zur Vorsorge bieten sich einfache Ansätze an. Eine kleine „Brennnessel-Kultur" im eigenen Garten ist leicht zu erhalten. Durch den ständigen Rückschnitt ergibt sich immer frisches Grün. Klein geschnitten stellt es eine vorbeugende Medizin dar. In der Vegetationszeit steht diese täglich zur Verfügung.

In den Wintermonaten wird man auf preiswertes Gemüse zurückgreifen. Chabo neigen gern dazu, noch vor der Nachtruhe etwas zu „erbetteln" – meist mit Erfolg, denn die betreuende Person kennt deren Vorlieben und spendiert dann zum Beispiel noch einige Haferflocken.

Und wie ist es mit Kükenaufzucht? Hier bietet der Handel das ideale Futter in Form von Kükenmehl oder als Presskorn an. In der Regel wird mit Mehl begonnen und dann durch Presskorn ersetzt. Wer will, kann dazu gerieben Möhren und einige Haferflocken anbieten.

Nicht zu unterschätzen ist eine zuverlässige, auf Sauberkeit ausgelegt Tränke. Es wird einfach nur frisches Wasser ohne zusätzliche Mittel angeboten. Es sei denn, es gibt einen aktuellen Bedarf, der sich aus einer Anregung zur Behandlung von Krankheitsanzeichen ergibt.

Das Verhalten

Chabo haben als Rasse ohne landwirtschaftliche Bedeutung das ursprüngliche Verhaltensinventar eines Haushuhns bewahrt. Sie sind schnellwüchsig und frühreif, aber sehr archaisch in ihrem Verhalten. Sie sind im Gegensatz zu manchen alten Kampfhühnern stets vermehrungsfreudig und legen und brüten bei zusagenden Bedingungen zu allen Jahreszeiten, mit Ausnahme der kurzen herbstlichen Vollmauserzeit.

Die Legeserien sind kurz und werden bei idealen Bedingungen stets mit einer Brütigkeit abgeschlossen, jede gesunde Chabo-Henne brütet und ist eine gute Mutter. Bedingung für die Brütigkeit sind aber die Anwesenheit und das Anwachsen des Geleges. Chabo lieben ihre Eier und umhegen sie fürsorglich.

Ständiges vollständiges Wegnehmen der Eier bedingt das Abbrechen der Legeserie und ein Suchen nach neuen Nestern, bei unbegrenztem Auslauf führt es zum Verstecken der Eier im Freien. Man sorge also für eine genügende Anzahl von Nestern mit ausreichender Anzahl an Nesteiern. Legende Hennen sind recht unleidlich. Wenn im Sommer die Zahl der Tiere anwächst, können sie Jungtiere und führende Glucken erheblich tyrannisieren, besonders am Schlafplatz. Es ist es gut, legende Hennen zu separieren. Das hormonelle Auf und Ab durch die Legeserien bedingt eine ständige Instabilität in der Rangordnung, denn das Sozialprestige einer Henne steigt mit dem Legen steil an, verringert sich gegen Ende der Legeperiode und während des Brütens beständig bis zu einem Tiefpunkt beim Schlupf der Küken. Während der Führzeiten der Küken steigt das Prestige wieder an bis zu einer Hochphase zu Beginn des erneuten Legens, dann sind die Küken etwa sechs Wochen alt.

Deswegen ist es gut, Chabo in kleinen Gruppen zu halten, in denen sich die Hennen dieses Auf und Ab merken können. Ab einer gewissen Gruppengröße gibt es ständig Unruhe, am wohlsten fühlen sich Chabo in kleinen Gruppen von weniger als zehn Tieren. Jungtiergruppen können dagegen sehr viel größer sein. Zuchtgruppen sollten die Anzahl von zehn Tieren nie überschreiten.

Chabo-Hähne kommen in den meisten Fällen gut miteinander aus, wenn sie sich kennen und wenn sie wissen, wer wem Platz zu machen hat; bei ihnen ist die Rangordnung relativ stabil und wird nur durch die Vollmauser durcheinandergebracht.

Brut und Aufzucht

Chabo sind stets vermehrungsfreudig, die Eier sind einigermaßen kunstbrutfest und man hat stets hinreichend Glucken für eine Naturbrut. Allerdings ist die Eizahl, die eine Chabo-Glucke bedecken kann, mit sieben bis zwölf recht gering. Im Winter wird man ihr wenige Eier lassen, im Sommer können es durchaus zwölf sein.

Die Aufzucht ist wiederum mit oder ohne Glucke möglich, die Anwesenheit einer Glucke macht vieles leichter, eine Kombination beider Methoden hat aber viele Vorteile: Kunstbrut und Betreuung einer großen Kükenschar durch eine Glucke, in Verbindung mit künstlicher Wärme.

Chabo-Hennen sind sehr gute Mütter, aber nur für eine kurze Dauer. Der Betreuungsinstinkt erlischt ziemlich plötzlich. Dann ist

Zwei lebende Brutmaschinen und ihr Beschützer – seidenfiedrige Chabo

es gut, einen Hahn zur Henne zu setzen und die Henne nach einigen Tagen zu entfernen. Der Hahn bleibt dann als Betreuer bei den Küken und viele Hürden sind dann einfach zu nehmen, das Einführen neuer Futterstoffe zum Beispiel oder die Eroberung des Freilands.

Mit einem Hahn sind die Jungtiere im Freien einigermaßen sicher vor Hunden und Katzen sowie vor Krähen und Elstern. Mit einem Hahn als Erzieher ist es relativ leicht, Jungtiergruppen unterschiedlichen Alters zusammenzuführen. Ein Hahn sorgt für Ordnung und Ruhe, auch wenn die Junghähnchen ins Rüpelalter kommen. In aller Regel müssen Hähne und Hennen dann nicht getrennt werden.

Sinnvoll ist nur die Abtrennung der zänkischen Althennen, denn sie sind der Grund für Versuche der Junghennen, sich andere Schlafplätze zu suchen. Unerwünscht ist das Ausweichen auf hohe Schlafplätze oder gar auf Bäume, denn Chabo sind gute Flieger.

Vererbung

Die Kurzbeinigkeit der Chabo ist nicht reinerbig zu erzielen. Es ist nicht so wie bei den Dachshunden, da sind alle Welpen der Dackeleltern dackelbeinig, sondern bei den Chabo ist immer auch ein gewisser Anteil normalbeiniger Tiere dabei. Dieser Anteil ist höher, wenn man Normalbein × Kurzbein paart, er ist geringer, wenn man Kurzbein × Kurzbein verbindet. Normalbein × Normalbein gibt immer nur Normalbein.

Ob diese Anteile nun aber exakt der Mendel'schen Spaltungsregel bei einem Merkmal entsprechen – ein Viertel reinerbig mit Merkmal, zwei Viertel spalterbig, ein Viertel reinerbig ohne Merkmal – ist nicht sicher, weil wir die reinerbigen mit Merkmal nicht haben. Man hat sich früher damit beholfen, dass man gesagt hat, die Reinerbigen sterben im Ei ab, sie entwickeln sich nicht. Somit wurde jedes befruchtete Ei, das nicht schlüpfte, in dieses Viertel gerechnet.

Das Problem ist nur, dass im zeitigen Frühjahr und bei Kunstbrut der Anteil nicht schlüpfender Eier groß ist, bei Naturbrut im Mai und Juni aber ganz gering, dann schlüpfen oft alle befruchteten Eier.

Die Veröffentlichungen der Zuchtbücher zeigen, dass sich die Befruchtungs- und Schlupfwerte der Chabo nicht signifikant von anderen Rassen unterscheiden. Sie liegen im üblichen Bereich. Die Vererbung der Chabo bleibt also kompliziert, sonst wären wir um gesicherte Erkenntnisse reicher.

Wir können weiterhin bei den Paarungen kurz × kurz und gelockt × gelockt einen Letalfaktor annehmen. Es ist aber nicht so, dass dieser Faktor die Lebensenergie der Chabo durch die Paarung kurz × kurz schmälert, vergleichbar mit dem Ausmaß, wie sich die Federqualität bei der Paarung gelockt × gelockt verringert. Vielmehr sind kurzbeinige Chabo ebenso vital wie normalbeinige, sonst hätte die Rasse nie ein so hohes Alter erreichen können. Die Beinlänge verkürzt sich nicht durch die Paarung kurz × kurz. Dass eine Zucht auf extrem kurze Beine unsinnig ist, sei hier noch einmal betont. Denn die Kombination kurzes Bein mit gut gewinkelter Beinhaltung macht den Chabo, nicht ein kurzes Bein allein.

Verwertung

Eine häufige Frage ist: Legen die Chabo auch Eier? Natürlich tun sie das, und zwar mit sehr unterschiedlichem Verhalten. Normalerweise legt eine Henne acht bis zwölf Eier und will brüten. Dies geschieht dann, wenn die Eier im Nest belassen werden. Nach dem Brutgeschehen wiederholt sich der Zyklus. Werden die Eier regelmäßig dem Netz entnommen, kann eine Jahresleistung von 60 bis 80 Eiern erreicht werden.

Die nächste häufige Frage ist: Kann man die Eier auch essen? Bei einem Eigewicht von etwa 30 Gramm sind sie als Frühstücksei nicht der Renner. Bei allen anderen Anwendungen in der Küche, besonders dann, wenn den Tieren ein sehr vielfältig strukturierter Auslauf geboten wird, ist die Begehrlichkeit sehr groß.

Chabo gehören zum Hausgeflügel und sind deshalb von der ganzheitlichen Verwertung nicht ausgenommen. Meist drückt man sich um diese Tatsache herum. Das muss aber nicht sein, denn wo gebrütet wird, gibt es auch Jungtiere, eben auch mehr, als für die eigene Zucht gebraucht werden. Es gibt auch Hähne, die in der anfallenden Zahl keinen Einsatz finden können. Außerdem ist nicht jedes Jungtier für die weitere Zucht geeignet, also gibt es auch hier bei den Hennen einen zusätzlichen Überhang. Hier prallen Tierliebe und Rationalität aufeinander. Wie kann man einem persönlichen, vielleicht auch familiären Konflikt deswegen entgehen?

Die überzähligen Hennen und zuweilen auch einige Hähne sind bei Familien, die einige Hühner im Garten haben wollen, sehr beliebt. Vier bis sechs Hennen versorgen einen kleinen Haushalt ausreichend mit Eiern. Damit kann Freude verbreitet werden. Für die überzähligen Hähne ist der Aufwand etwas größer. Es gilt hier, die Zwerge bis zur Schlachtreife aufzuziehen mit dem ausgewählten Futter, und zwar frei von Antibiotika und sonstigen Zusätzen, wie es in der Massentierhaltung üblich sind.

Nach der Schlachtung ergibt es ein Fleisch von höchster Qualität. Es muss nicht überbewertet werden, jedoch ist es eine Tatsache, dass Hühnerfleisch entsprechend angerichtet zu den diätischen Nahrungsmitteln gehört. Dagegen sprechen die Vorbehalte, wie „ich kann meine eigenen Tiere nicht essen“. Dafür ist auch Verständnis aufzubringen. Jeder muss das für sich selbst entscheiden. Sie können jedoch sicher sein, es gibt für das Fleisch ausreichende und zufriedene Abnehmer.

Geflügelschauen im Blickpunkt

Die Ausstellungen waren es in den Anfängen der organisierten Rassegeflügelzucht und sind es auch heute, die neben dem vergleichenden Wettbewerb auch einen Anteil zur Festigung der Rassemerkmale beitragen. Wenn man so will, ersetzen diese Veranstaltungen in der jüngeren Zeit die mythenbehaftete Weitergabe der Ideale. In der Frühzeit gab es keine Ausstellungen, die etwas für die Zukunft umrissen oder in den Wettbewerb gestellt haben. Alles, was man dazu anführen kann, bleibt letztlich doch reine Spekulation. So viel ist allerdings sicher: Es ist und bleibt ein Irrtum, den Wettbewerb als das alleinige Ziel der Chabo-Zucht anzusehen. Vielmehr liegt der Wert darin, dies als Teil eines Ganzen zu verstehen, in dem die Ausstellungen einen bemerkenswerten Anteil ausmachen.

Sehr praxisnah sind die Erlebnisse, wenn die eigenen Tiere in den Vergleich zu anderen Tieren gestellt werden. Zuweilen erleben die Betrachter doch Überraschungen, die im eigenen Umfeld schlicht und einfach übersehen wurden. Durch den gegebenen Standard und das damit verbundene Bewertungssystem ist es relativ einfach, auch auf leichte Fehler aufmerksam zu machen.

Sind solche Feststellungen dazu jedoch der alleinige Anlass für eine Herabstufung, dann wird dies den Erfordernissen einer

Hauptsonderschau in Achim, 2005

für die Zucht richtungsweisenden Bewertung nicht gerecht. Ein schnell erkennbarer Spiegel hierfür ist, wenn selbst auf einer Sonderschau die Bewertungen nur im Ausnahmefall die Note „sehr gut“ ergeben. Es gehört etwas Mut, vor allem aber viel Fingerspitzengefühl dazu, die kleinen Abweichungen zugunsten eines chabotypischen,

Schaustand 1999 – Nationale in Ulm

sprich harmonischen Gesamteindrucks zu übersehen. Gerade das ist bei den Chabo so wichtig, weil es ein Bestandteil der sie umgebenden Aura ist.

Was ist denn dieses Ganze? Zunächst gibt es niemanden, der sich dem Reiz dieser Zwerge entziehen kann und niemand wird etwas Abstoßendes an ihnen entdecken. Wer das noch ziemlich vollständig vorhandene Verhaltensmuster der Zwerge aufzunehmen weiß, wird den schöpferischen sowie didaktischen Wert im Umgang mit den Tieren erkennen.

Warum sollte dieser Anspruch bei den Ausstellungen ausgeblendet werden? Nur weil es schwer ist, diese Eigenschaft zu erfassen? Sehr wirklichkeitsnah sind die wiederkehrenden Erfolge einzelner Aussteller. Dabei muss nicht in jedem Fall die überdurchschnittliche Qualität den alleinigen Ausschlag geben, sondern ein gehöriger Beitrag ist es, die Tiere für die Ausstellung vorzubereiten. Der vertraute Umgang mit den Tieren an möglichst 365 Tagen des Jahres ist der Schüssel für den Erfolg und die Garantie für erlebnisreiche Tage. Die Ausstellungstage sollen eigentlich nur eine Auszeit sein, um die eigene Begeisterung auf die Betrachter zu übertragen, vielleicht etwas von der eigenen Freude zu vermitteln. Ein kleines Kunststück ist es ohnehin, die Tiere in der vollen Reife, wir sagen in Blüte, zu zeigen.

Dies ist bei den Hennen nur für eine kurze Zeit zu erreichen, denn mit der vollen Legetätigkeit geht etwas von ihrem Glanz und der Frische verloren. Es geht uns also nicht um Melderekorde, sondern vielmehr darum, die Vielfalt zu zeigen und einen Überblick des Erreichten im jeweiligen Zuchtjahr zu geben.

Unsere Veranstaltungen konzentrieren sich auf ausgewählte Großschauen, auf die von den einzelnen Gruppen angesetzten

Begeisterung im Kindergarten in Floß/Oberpfalz

Veranstaltungen und die für uns wichtige, jährliche Hauptsonderschau. Letztere hat auch deshalb einen hohen Stellenwert, weil fernab vom großen Treiben bei den Superschauen Zeit bleibt, um die Vergleiche auszukosten; wenn man so will: die Ergebnisse zu genießen. Bei den angeregten Diskussionen über so manches Detail gehen die Gedanken schon in die Zukunft, die etwas Kostbares ist. Eigentlich ist es der Weg dorthin, angefüllt mit Vorsätzen und Plänen für das neue Zuchtjahr.

Eine solche Schau ist in der Regel ein Platz für sehr freundschaftliche Begegnungen, um die wir sehr bemüht sind. Um den allseits gestiegenen Kosten zu begegnen, haben wir eine Präferenz für Zweitagesschauen. Diese Art der Durchführung hat sich bewährt, weil damit einem größeren Personenkreis die Teilnahme ermöglicht wird. Auf längere Sicht gesehen wird sich die Ausstellungskultur verändern. Dazu hat der Club einige Anregungen erdacht, das erste Mal 1995 bei der großen Nationale in Nürnberg.

Unter dem Titel „Ideen sind gefragt" wurde ein Konzept verwirklicht, bei dem eine dreiteilige Präsentation zur Schaugestaltung vorgestellt wurde. Das Ganze zielt darauf ab, die Attraktivität für den Laien zu erhöhen, die monotonen Käfigreihen geschickt zu umgehen sowie eine Auflockerung durch innovative Standaufbauten zu erreichen.

Für die Chabo-Leute bedeutet dies: Es können kleine Biotope aufgebaut werden, die nicht nur bei Ausstellungen ihren Einsatz finden, sondern die in unveränderter Form und mit gleicher Ausstattung auch auf dem heimischen Grundstück realisiert und benutzt werden können. Dies ist ein Privileg der Chabo, die mit kleinen Flächen auskommen, ohne Schaden anzurichten oder selbst Schaden zu nehmen.

Begeisterung wecken

In diesem Zusammenhang geht es auch darum, Wege aufzuzeigen, wie Menschen wirkungsvoll für die Hausgeflügelhaltung begeistert werden können. Wenn es dabei gelingt, auch die Jüngsten in unserer Gesellschaft zu erreichen, dann ist dies ein glücklicher Umstand. Es gehört etwas Mut und, wie wir lesen werden, auch Fachwissen dazu.

Diese Ausführungen nehmen Bezug auf einen Erfahrungsbericht von Doris Schrader im Frühjahr 2013. Sie ist eine ausgebildete Erzieherin und kam erst vor einigen Jahren mit dem Rassegeflügel in Kontakt – sicher heute viel intensiver als ursprünglich gewollt oder erahnt. Das Fazit ist: Die Ergebnisse des Projekts – Eltern, Kinder und Rassegeflügel – sind verblüffend einfach, fachlich sehr gut durchdacht und überzeugend.

Es ist allgemein bekannt, dass die Prägung im Vorschulalter die nachhaltigste Wirkung bei Kindern hervorruft. So wird vielerorts in Kindergärten ein Küken-Schlupf gezeigt und damit kurzzeitig eine emotionale Begeisterung hervorgerufen. Das ist die Realität und es werden dann Kinder mit unerfüllten Wünschen zurückgelassen. Sie möchten Tiere ihr Eigen nennen, was meist nicht erreichbar ist. Genau hier setzt die Projektarbeit an und füllt die „Leere" damit auf, um nach Antworten zu suchen, was vor, während und nach einer solchen Aktion sinnvollerweise geschehen soll (oder muss).

Die Fachfrau weiß um die Aufnahmefähigkeit der Kinder, kann programmatisch sehr wirklichkeitsnah die Sequenzen der Informationen einteilen wie eben auch Schlussfolgerungen ziehen. So entstand eine über Wochen andauernde Moderation, die auch externe Exkursionen mit einbezieht. Das setzt Kooperationen voraus, die

Die Kinder und Jugendlichen stellten bei der Hauptsonderschau 2013 in Kitzingen 16 Prozent aller Tiere vor. Von links: Caroline Saum, Jule Dietrich, Marius Raindl, Sophia Saum, Dominik Ruppel, Jannik Raindl.

im vorliegenden Fall durch den GZV Achim ganz allgemein und durch H.-H. Huhs im Besonderen gegeben sind.

Es ist ein ganz natürlicher Vorgang, wenn Kinder sich von Tieren angezogen fühlen. Kinder haben von der ersten Stunde an einen direkten Bezug zu ihrem Umfeld. Dabei spielt die gefühlte Wärme, also die Berührung, eine große Rolle. Wir meinen, es ist eine naive Wirklichkeit. Ja, es kann so sein, um zu unterstreichen, es ist eine richtige Wahrnehmung.

Im Verlauf der weiteren Entwicklung der Kinder, also auf dem Weg des Erwachsenwerdens, wird das ursprünglich Gegebene wegerzogen. Nicht jeder der Vorgänge ist erfolgreich. Manche Jugendliche zerbrechen daran oder nehmen eine Fehlentwicklung. Die Gesellschaft beklagt so etwas.

An dieser Stelle führen die Gedanken hin zu den verblüffend einfachen Schlussfolgerungen. Die Elterngenerationen ab den 1960er-Jahren haben die Haustierhaltung vornehmlich als Ernährungsbeitrag für die Familien nicht mehr erlebt. Alles wurde seither billig und einfach in den Supermärkten angeboten. Die Tierhaltungen verschwanden nach und nach, was nach den Jahren der Not in Grenzen auch verständlich war. Heute gehen meist beide Eltern arbeiten, so haben die Kinder wenig oder gar keine Erfahrung mit der Pflege lebender Wesen. Eben diesen Eltern ist das Gespür und noch mehr das Verlangen nach Haustieren (auch Hausgeflügel) verloren gegangen. Wen wundert es, dass diese Generation ihren Kindern kaum eine Möglichkeit dazu bietet, selbst wenn es die räumlichen Umstände zuließen.

Es gilt also, die Kinder bei einer solchen Aktion in den Mittelpunkt zu stellen und die Eltern oder die Hinbringer und Abholer in das Projekt mit einzubeziehen. Dies verlangt eine etwas weiter gefasste Organisation, nämlich alle Beteiligten daran teilhaben zu lassen. Bitte nicht erschrecken – so aufwendig ist es nicht. Ein zentraler, von allen – Kindern, Erzieherinnen und Eltern – zugänglicher Präsentationsbereich ist ein ganz wesentlicher Bestandteil des Projektes. Es werden täglich digital Bilder gezeigt. Der Schlupfvorgang kann direkt am Bildschirm von größeren Gruppen verfolgt werden. Natürlich gibt es die persönliche Berührung und das intensivere Kennenlernen. Idealerweise, wie in Achim gegeben, ist das Heranwachsen der Tiere zu verfolgen.

Doris Schrader beschreibt die wesentlichen Merkmale wie folgt:

- Ablauf mit pädagogischen Hinweisen.
- Bilder der Handlungsabläufe täglich erneuern.
- Gemeines Erarbeiten von Sachwissen und dieses sichtbar machen.
- Die Erzieherinnen stehen den Eltern möglichst oft als Gesprächspartner zur Verfügung.
- Es werden Gesprächsmöglichkeiten mit Züchtern geboten.
- Kinder übernehmen teilweise die Rolle des „Lehrenden“ .
- Der Höhepunkt ist zunächst das Umsetzen der Küken durch die Kinder vom Brutapparat in die Kükenbox. Dabei ist ein ganz respektvoller Umgang zu beobachten.

Die örtliche Presse ist mit eingebunden und berichtet sehr sachkundig darüber. Aber nicht nur die Presse, sondern auch die Mundpropaganda ist erfolgreich, sodass weitere Kitas sich diesem Programm nähern. Die Arbeit hat zwischenzeitlich auch zwei Grundschulen erreicht.

H.-H. Huhs ist einen Schritt weitergegangen. Er hat die Kinder der Kita Baden mit ihren Eltern zu einer Miniausstellung eingeladen, um die in der Kita geschlüpf-

Eine Herde Chabo weiß mit schwarzem Schwanz

ten Tiere, die zwischenzeitlich fast erwachsen waren, zu begutachten. Der rege Dialog belegt, wie viel Wissen über die Jahrzehnte verloren gegangen ist, aber auch wie notwendig es ist, die Eltern zu erreichen. Nun gibt der Zeitgeist zu diesen Gedanken ganz tolle Signale, weil die Sehnsucht nach der heilen Welt in der Gesellschaft einen hohen Stellenwert bekommen hat. Sicherlich ist dies eine Überreaktion, aber es ist der Gegenentwurf zum Grenzenlosen, bevorzugt das Lokale und begünstigt das Individuelle. Vielleicht ist es auch ein Beitrag dazu, um den Kindern ihre Kindheit zu lassen.

Das Fazit ist, die Älteren für ein längeres und der zeitlichen Notwendigkeit angepasstes Mitmachen zu gewinnen. Wenn Frauen und Männer, am besten die ganze Familie, in unserem Fall für die Chabo begeistert werden können, dann begegnen wir auch Kindern und Jugendlichen. Es gilt jetzt, die Begeisterung, vielleicht auch die Leidenschaft, von innen nach außen zu transportieren. Einigen Vereinen gelingt es schon ganz gut. Der Chabo-Club ist ganz sicher mit dabei. Es kann morgen etwas gelingen, was bis heute fehlgeschlagen ist.

Chabo – gestaltet in Porzellan von Kurt Michel, Deutschland

Sammeln und forschen

Chabo in Literatur, Kunst und Kunstgewerbe

Wie schon weiter oben beschrieben, liegt die Quellenlage für die Entstehung der Chabo sehr im Dunkeln. Es ist deshalb auch für unseren Verband wichtig, weitere Belege über die Geschichte der Chabo zu erhalten und zu bewahren. Dies gilt sowohl für Literatur über diese alte Zwerghuhnrasse als auch für Kunstobjekte (Bilder, Skulpturen, Porzellan usw.).

Jedes historische Objekt kann etwas zur weiteren Erhellung der Geschichte der Chabo beitragen. Wir sind dankbar auch für Hinweise, was sich in verschiedenen Züchtersammlungen an noch bisher Unbekanntem aus den beiden Kulturkreisen Asien und Europa verbirgt.

Die Chabo haben in ihrer Entwicklungsgeschichte zwei unterschiedliche Kulturen durchlaufen. Im Übergang wurde nicht die eine Kultur durch eine zweite ersetzt, vielmehr wurde auf die vorhandene Tradition aufgebaut und sie hat jeweils die weitere Entwicklung bestimmt. Das Geheimnis der mündlichen Überlieferung über Hunderte von Jahren nährt natürlich auch Spekulationen. In einem Bereich bekommt die Neugierde etwas Nahrung, vielleicht in Zukunft auch noch gewichtige Argumentationshilfen: nämlich durch bekannt gewor-

Chabo – gestaltet in Mammut von Prof. Dr. Suthep Chongulia, Thailand

dene Kunstobjekte bzw. durch jahrhundertealte Dokumente. Nach und nach erhalten auch die Europäer einen Einblick und können damit einen weit zurückreichenden Blick erhalten. Es werden Segmente aus der Historie sichtbar, in der die Chabo einen Platz gefunden haben. So erhalten die Zwerge eine Ausnahmestellung unter den Zwerghuhnrassen.

Zunächst überrascht eine solche Erkenntnis, die jedoch sehr logisch wird, wenn man realisiert, dass es entwicklungsgeschichtlich wohl kein älteres Zwerghuhn gibt. Offensichtlich war der heute erkennbare Anreiz zur künstlerischen Annahme auch schon in sehr frühen Zeiten gegeben. Die außergewöhnlichen Attribute der Chabo stimulierten zur Wiedergabe, meist als dekoratives Element auf wertvollen Gegenständen.

Die vorgefundenen Stücke in Beziehung zu bringen ist eher die wissenschaftliche Seite, die von Fachleuten bearbeitet und ausgewertet wird. Jede neu gewonnene Erkenntnis, die auch weit in die Vergangenheit zurückreichen kann, inspiriert jedoch den wissbegierigen Laien, sich selbst mit dem Thema zu beschäftigen, Dinge zusammenzutragen und zu archivieren. Nicht mit dem Anspruch, etwas Weltbewegendes zu schaffen, sondern einfach mit der Lust am Sammeln, daran etwas Spannendes zu tun. Eine Wesensart, die uns Menschen in die Wiege gelegt ist.

Die Lust am Sammeln

Der Personenkreis, der mehr oder weniger leidenschaftlich sammelt, nimmt stetig zu. Zu finden sind Sammlungen, von denen keine der anderen gleicht, weil es viele Motive und auch ganz persönliche Neigungen und Interessen gibt. Deshalb kann es auch keine allgemein gültige Anleitung dazu geben, eher nur einige Anregungen, vielleicht auch nützliche Hinweise dazu. Es soll schließlich Freude bereiten und den Alltag beglückendes mit diesem Tun verbunden sein – auch dann, wenn das nähere Umfeld es zunächst nur mit einem verständnislosen Kopfschütteln quittiert.

Viele Objekte sind für ein breites Publikum entstanden, etwas für den täglichen Gebrauch oder zu dekorativen Zwecken, diesem Bereich hat sich das Kunstgewerbe angenommen. In verschiedenen Techniken geschaffene Bilder sind dagegen Unikate und nehmen einen bedeuteten Stellenwert ein. Der Geflügelhof bietet zu allen Jahreszeiten köstliche Motive, die die Künstler immer wieder zu herrlichen Schöpfungen anregten.

Begehrenswert sind die Arbeiten der großen Porzellangestalter aus dem 18. Jahrhundert. Es gibt auch Arbeiten aus der jüngeren Vergangenheit, zu denen sich wenige, aber sehr anspruchsvolle Kreationen aus der Gegenwart gesellen. Man muss nicht einmal dem Geflügel zugetan sein, um Gefallen an solchen Kunstgegenständen zu finden.

Nicht minder ist die Bedeutung der in Bronze gegossenen Tierplastiken. Sie reflektieren zum Teil das Erscheinungsbild der Tiere in ihrer jeweiligen Zeit. Beides, die Arbeiten in Porzellan und in Bronze, sind natürlich mit einer limitierten Auflage verbunden. Eine weitere Quelle der Erbauung sind die Bücher, in denen der jeweilige Buchillustrator in sorgfältiger Arbeit naturgetreue Bilder geschaffen hat.

Zugegeben, am Beginn der meisten Sammlungen ist etwas Zielloses zu erkennen. Die Sinne schärfen sich jedoch, wenn man per Zufall auf etwas Erhaltenswertes stößt und man den Reiz an der Vollständigkeit oder an vergleichbaren Objekten entdeckt. Eine vermeintliche Nichtigkeit gewinnt bereits dadurch an Bedeutung, wenn sie aus der Achtlosigkeit herausgehoben wird. Ein solches Objekt, schön in einer Vitrine platziert, steigert seinen ideellen Wert enorm, besonders dann, wenn es nicht nur für einen persönlich, sondern auch für andere immer zugänglich ist.

An dieser Stelle ist es angebracht, die Frage nach dem für eine Sammlung notwendigen Geld anzusprechen. Bis auf ganz wenige Ausnahmen sind die Sammlerstücke mit Chabo-Motiven und das erweiterte Umfeld auch für schmale Geldbeutel erschwinglich. Nicht alles kann ein Schnäppchen sein. Man bekommt auch vieles einfach geschenkt, wenn bekannt ist, dass man sich ernsthaft mit diesem Thema beschäftigt.

Aber Schnäppchen und Geschenke füllen keine Sammlung. Um den einen oder anderen Kauf kommt man nicht herum. Unter seriösen Sammlerfreunden bleibt es selbst dann noch erschwinglich, wenn bekannt ist, dass eben dieses eine Objekt in der eigenen Sammlung noch fehlt. Die Grundlage dafür ist die zu erwartende Gegenseitigkeit. Diese darf man aber nicht immer und bei jedem Menschen voraussetzen. Sogenannte „Freunde“ erweisen sich nicht immer als echte Freunde.

Wichtig ist ein Grundsatz: Bei aller Leidenschaft darf man sich nicht zu einer Kaufsumme hinreißen lassen, die die persönlichen Möglichkeiten übersteigt, auch dann nicht, wenn man glaubt, durch Veräußerung anderer Sammelstücke die Belastung wieder ausgleichen zu können. Es lohnt sich aber auch, auf etwas warten zu können oder intensiver danach zu suchen.

Jeder Fund und Erwerb hat dann seine eigene Geschichte. Eine solche Suche kann Monate, vielleicht auch Jahre dauern, bis man Erfolg hat. Es liegt in der Natur der Sache, dass sehr seltene Sammlerstücke weit über dem materiellen Wert liegen. Andererseits wird vieles beiseite gelegt, verliert die Beachtung und wird zum Beispiel im Erbfall einfach entsorgt. Oft reichen schon 10 bis 20 Jahre aus, in denen ein leicht zu erwerbender Gegenstand unauffindbar wird. Damit erlischt der Sammlergedanke nicht, sondern es dominiert die Bereitschaft, darüber Wissen anzusammeln, wo oder wie etwas entstanden ist, ob es von dem Künstler oder aus der Werkstatt mehrere Exponate gibt usw. Das Interesse an einer tiefer gehenden Beschäftigung ist geweckt und gewinnt dann an Bedeutung, wenn es ermuntert, dass auch in Zukunft Sammlerstücke entstehen, die es Wert sind, sie aufzubewahren.

Sammlervitrine

Kleine Chabo-Bibliografie

Deutschsprachige Veröffentlichungen:

Christian Scheiding: Chabos. Japanische Zwerghühner (1. Auflage 1931). – Chr. Scheiding schuf auf 107 Seiten das erste deutschsprachige Werk über Chabo. Darin kommen auch namhafte Persönlichkeiten aus den Anfängen der ChaboZucht zu Wort; ein sehr seltenes Zeitdokument. Von der Auflage von 500 Exemplaren wurden in den Jahren 1931–1938 insgesamt 210 Hefte verkauft. Der Restbestand der Auflage ist während des Krieges verbrannt. Es sind nur noch wenige Hefte der 1. Auflage erhalten, derzeit weltweit nur 15. Dadurch wurde das Buch zu einer großen Kostbarkeit. – Kurt Michel, Garbsen, stellte sein Exemplar für einen Reprint zur Verfügung, den M. Bartl im Jahre 1998 aus dem folgenden Anlass herausgegeben hat: Der Bund Deutscher Rassegeflügelzüchter (BDRG) hatte die Chabo zur Rasse des Jahres ausgerufen.

Christian Scheiding: Chabos. Japanische Zwerghühner (2. Auflage 1955). 92 Seiten. Das Manuskript zur 2. Auflage ist schon 1940 entstanden und musste aber aus Kostengründen um ein Drittel gekürzt werden. Dennoch ist ein wertvolles Nachschlagewerk entstanden, das die Farbenschläge schildert, wissenschaftliche Erkenntnisse beschreibt und praktische Erfahrungen vermittelt.

Christian Scheiding: Chabos. Japanische Zwerghühner (3. Auflage 1966). 97 Seiten. Diese Auflage veröffentlicht den ungekürzten Text des Manuskripts aus dem Jahre 1940, illustriert mit aktuellen Bildern. Erstmals erscheinen einige japanische Schautafeln, schwarzweiß gedruckt, mit verschiedenen Farbenschlägen.

Christian Scheiding: Chabos. Japanische Zwerghühner (4. Auflage 1983). 96 S. Überarbeitet von Willi Köster. Mit einer Ausnahme stammen alle abgebildeten Chabo aus deutschen Zuchten. Es werden alle damals anerkannten Farbenschläge beschrieben, der Text der dritten Auflage bleibt im Wesentlichen erhalten.

Inagaki, N./Rihachi, Takagi/Takanaru, Mitsui: Einführung in die Zucht der japanischen Bantams (Chabo) (1975). 16 S. Aus Anlass des 50-jährigen Bestehens des Chaboclubs entstand im Jahre 1975 dieses schmale Heft. Der Text wurde zunächst ins Englische übersetzt und dann von Adolf Wittkop, Karl Fritzsche und Benedikte Eifländer ins Deutsche übertragen. Diese sehr aufschlussreiche Schrift vermittelt uns die japanische Sicht auf die Geschichte und Zucht der Chabo.

Rudolf Hoffmann: Zucht und Pflege der Chabos (1959). 47 S. Kurzer geschichtlicher Abriss und Hinweise zur Zucht und Haltung der Chabo. Der Geflügeljournalist R. Hoffmann hat auch viele Aquarelle als Vorlagen für die Kunstdruckbeilagen des Deutschen Kleintierzüchters gemalt. Dieses Chabo-Heft ist inzwischen sehr selten.

Chabo-Phantasie, hrsg. von Manfred Bartl, ist eine Schriftenreihe für Beiträge zur Haltung und Zucht der Chabo.

Heft 1, 1995, 36 S. – reich bebildert. Themen u. a. farbschwänzige Farbenschläge, Chabo – reizvoll für Frauen.

Heft 2, 1996, 48 S. – Reich bebildert. Themen u. a. die getupften Farbenschläge; Vision zukünftiger Ausstellungen.

Heft 3, 1997, 48 S. reich, teils farbig bebildert. Themen: Blaue Chabo; Natur und Kunst: eine ausführliche Beschreibung der Chabo-Varietäten; Aus einer anderen Zeit: Walter Gräfe, ein exzellenter Züchter in den Jahren 1930–1945.

Heft 4, 1998; 48 S. Viele Farbbilder. Themen u. a.: Die natürliche Brut und Aufzucht: gold-porzellanfarbige Chabo; Zum Skelett der Chabo; Nutzgeflügel mit dem Prädikat der Besonderheit.

Heft 5, 1999, 48 S. Viele Farbbilder. The-men u. a.: Kreativ, ästhetisch, schön, ein Zeitdokument; Higo Chabo in Kumamoto – ein Reisebericht; Schwanzfedern der Chabo; Motivation zur Rassegeflügelzucht.

Heft 6, 2000, 48 S. Viele Farbfotos. Themen u. a.: 75 Jahre Club der Chabozüchter; Nachwuchspotential der Chabo; Letalfaktor; Neue und alte Wege der Hühnerzucht; Mit Kindern Chabo entdecken.

Heft 7, 2001; 48 S. Viele Farbbilder. Themen u. a.: Internationales Flair in Hannover; Chabo im Teegarten; Ein Bildungsangebot; Keine Angst vor Experimenten; Seidenfiedrige Chabo; Reisebericht über das Chaboland Thailand.

Heft 8, 2002; 64 S. reich farbig illustriert. Themen u. a.: Perlgrau mit weißen Tupfen; Maruha – Goishi; ausführliche Zuchthinweise für Gold-Porzellanfarbige Chabo; Schwarzgesichtige Chabo; 50 Jahre Spezialzuchtgemeinschaft SZG; Vererbungserkenntnisse bei den Chabo und ökologische Hühnerhaltung.

Heft 9, 2006, 42 S. Durchgehend farbige Bilder. Themen u. a.: Higo Chabo als Besonderheit; Alle in den Fachzeitschriften erschienenen Kunstdruckbeilagen als historische Nachlese; Erinnerungen an Karl Fritzsche und Rudolf Hoffmann anlässlich ihrer 100. Geburtstage.

Johannes Pappas/Hartmut Greven/ Gerd Rehkämper: Seidenhühner und Chabo. Eine vergleichend-ethologische Studie (2002). 108 S. Zwei sehr alte Zuchtformen werden in ihrem Verhalten verglichen; mit umfangreichem Literaturverzeichnis.

Manfred Bartl: Mythos Chabo (2006). 120 S. Mit diesem außergewöhnlich schönen Buch ist eine ebenso schöne Botschaft verbunden. Die 36 neuen großformatigen Rassebilder, die Sammler-Aquarelle in Originalgröße, spannen den Bogen von der Gegenwart in die Vergangenheit, umfassen alle weltweit bisher bekannt gewordenen Chabo-Postkarten. Insgesamt sind es 120, alle farbig dargestellt. Zu jeder Karte wurde der derzeitige Wissensstand zu ihrer Entstehung vermerkt, das Ergebnis einer jahrelangen Recherche und zugleich Dokument der Vielfalt der Chabo in den verschiedenen Kulturen. Der großzügige Satzspiegel mit breitem Rand macht das Buch besonders schön. Es gibt bislang kein vergleichbares Buch über eine andere Hühnerrasse. Limitierte Auflage 150 Stück. Folio-Querformat in 2°, 430 × 310 mm, mit farbig bedrucktem Schuber und Schutzumschlag.

Dr. Juliane Seger: Das Zwerghuhn Chabo, ein Exot im Sachunterricht. Aus: Praxis Pädagogik, Naturbezogenes und naturwissenschaftliches Lernen im Sachunterricht; Steffen Wittkowske/Hartmut Giest (Hrsg.), Klinkhardt, Bad Heilbrunn (1. Auflage 2008).